DEUTSCHE AKADEMIE DER WISSENSCHAFTEN ZU BERLIN

Veröffentlichungen des Instituts
für Geodynamik Jena

Reihe A: Wissenschaftliche Veröffentlichungen
Herausgegeben von Heinz Stiller
Heft 15

Der Vertikalseismograph unter besonderer Berücksichtigung des Typs VSJ–I

Von

Peter Malischewsky, Christian Teupser und
Wolfgang Ullmann

AKADEMIE-VERLAG · BERLIN
1970

DEUTSCHE AKADEMIE DER WISSENSCHAFTEN ZU BERLIN

Veröffentlichungen des Instituts
für Geodynamik Jena

Reihe A: Wissenschaftliche Veröffentlichungen
Herausgegeben von Heinz Stiller
Heft 15

Der Vertikalseismograph unter besonderer Berücksichtigung des Typs VSJ–I

von

Peter Malischewsky, Christian Teupser und
Wolfgang Ullmann

Mit 15 Abbildungen

AKADEMIE-VERLAG · BERLIN
1970

Erschienen im Akademie-Verlag GmbH, 108 Berlin, Leipziger Straße 3—4

Lizenznummer: 202 · 100/519/70
Gesamtherstellung: VEB Druckerei „Thomas Müntzer", 582 Bad Langensalza
Bestellnummer: 2004/A/15, ES 18 E 2

Druckfehlerberichtigung

Seite 8	6. Z. v. o.:	$\mathfrak{S}$ gegenüber $\overline{\mathfrak{S}}$ *statt* $\overline{\mathfrak{S}}$ gegenüber $\mathfrak{S}$
Seite 14	9. Z. v. u.:	$\frac{l_F + l_Z}{L_0 - l_F - l_Z}$ *statt* $\frac{l_F + l_Z}{L_0 + \Delta - l_Z}$
Seite 15	1. Z. v. u.:	$\mathfrak{G}$ *statt* ω
Seite 18	Abb. 3:	$\vec{h}$ *statt* h
Seite 19	2. Z. v. u.:	$\frac{\partial x_i}{\partial y} =$ *statt* $\frac{\partial x_i}{\partial \eta} =$
Seite 21	13. Z. v. u.:	Daraus folgt, daß *statt* Daraus folgt
Seite 22	1. Z. v. u.:	zu *statt* u
Seite 27	4. Z. v. u.:	$x \cos q^1 + (M + m)\, h_1\, q^2\}\, g\, e_3\, \varphi$ *statt* $\cos q^1 + (M + m)\, h_1\, q^2\} \times g\, e_3\, \varphi$
Seite 28	4. Z. v. o.:	$\ddot{\xi}_j$ *statt* ξ_j
Seite 43	Formel 253	$\left(\frac{d^2}{d\eta^2} \varepsilon_{ij3}\, Y_i\, d_j\right)_{\eta=0} = 0$ *statt* $\left(\frac{d^2}{d\eta^2} \varepsilon_{ij3}\, Y_i\, d_j\right) = 0$
Seite 69	Formel 425, 426	$\tilde{r}_1(0)$ *statt* $r_1(0)$
Seite 70	Formel 427	l *statt* 1
Seite 73	Tabelle 1	l_Z *statt* l_z
Seite 74	2. Z. v. u.:	sich bei der Bestimmung *statt* sich der Bestimmung

2004/A/15 Malischewsky/Teupser/Ullmann, Vertikalseismograph

INHALTSVERZEICHNIS

1. Einleitung

1.1. Allgemeine Bemerkungen

Unter normalen Bedingungen, d. h., wenn an einem seismologischen Observatorium nur translatorische Bodenbewegungen infolge von Erdbeben zustande kommen, besteht eine komplette seismologische Stationsapparatur aus zwei Horizontalseismographen und einem Vertikalseismographen. Zu jedem Seismographen gehören ein mechanischer Empfänger, ein Galvanometer und das gemeinsame Registriergerät [19]. Die drei mechanischen Empfänger sind so konstruiert und auf demselben Instrumentensockel installiert, daß jeder von ihnen möglichst nur auf eine der drei vorgegebenen paarweise orthogonalen Komponenten reagiert, in die sich die seismischen Verrückungen des Sockels zerlegen lassen.

Ein mechanischer Empfänger setzt sich im wesentlichen aus dem starren Gestell und dem damit beweglich verbundenen Gehänge zusammen. Die Bindungen des Gehänges an das Gestell realisieren dünne elastische Blattfedern und bei einem Horizontalseismographen zusätzlich ein Torsionsdraht. Im Falle des Vertikalseismographen wird das Gehänge durch einen starren Körper und eine Schraubenfeder gebildet, die man bei dem Empfänger eines Horizontalseismographen nicht benötigt. Die mechanische Struktur des Empfängers eines Vertikalseismographen ist deshalb auch komplizierter als die eines Horizontalseismographen.

Damit die seismische Apparatur die angeforderten Informationen über die seismischen Bodenbewegungen liefern kann, müssen bei der Konstruktion eines mechanischen Empfängers und der Wahl des zugeordneten Galvanometers bestimmte Voraussetzungen berücksichtigt werden. Diese Voraussetzungen betreffen auch das elektrische Netzwerk, dem die Drehspule des Galvanometers und die Tauchspule des elektromechanischen Wandlers des Empfängers als Schaltelemente angehören. Eine optimale Funktion des Seismographen kann nur aus eingehenden theoretischen Untersuchungen resultieren. Die neuen Jenaer Seismographen sind Ergebnis eines solchen wissenschaftlichen Gerätebaus. In [16] wird die Theorie des Horizontalseismographen unter besonderer Berücksichtigung des Typs HSJ-I dargelegt. Die folgenden Ausführungen betreffen den Vertikalseismographen und konzentrieren sich auf den Typ VSJ-I. Beide Abhandlungen enthalten Aspekte, die dem weiteren seismischen Gerätebau in Jena zugrunde liegen, z. B. Konstruktionsprinzipien für die neuen kurzperiodischen Horizontalseismographen HSJ-II und VSJ-II.

In [16] bleiben nichtlineare Effekte noch unbeachtet. Die moderne Theorie eines Seismographen kann jedoch wesentliche Nichtlinearitäten des mechanisch-elektrischen Systems nicht ignorieren [20], [21], sondern muß sie mit erfassen, um über die zur Optimierung des seismischen Stationsapparates notwendige Gesamtheit der Instrumentenparameter zu verfügen und deren Werte geeignet wählen zu können. Im folgenden wird dementsprechend verfahren, wenn auch wegen der mathematischen Schwierigkeiten nicht mit gleichbleibender Konsequenz.

Die Konstruktion des Vertikalseismographen VSJ-I hat wieder Herr Ing. SCHUHMANN durchgeführt, der auch schon mit der Gestaltung des Horizontalseismographen VSJ-I und des Registriergerätes RGJ-I beauftragt war. Außer ihm ist den Herren Dr. HENTSCH und Dipl.-Ing. STEPHANI vom Institut für Festkörperphysik und Werkstofforschung in Dresden zu danken, die zur Herstellung der Schraubenfeder von VSJ-I entscheidend beigetragen haben. Schließlich gilt unser Dank Fräulein DIETL für die Bearbeitung des Typoskripts des vorliegenden Heftes.

1.2. Mathematische Konventionen

Lateinische bzw. griechische Buchstaben als Indizes repräsentieren die Zahlen 1, 2, 3 bzw. 1, 2. Über doppelt auftretende Indizes in einem Term ist zu summieren (EINSTEINsche Summenkonvention), z. B.

$$A_{ij} B^j \equiv \sum_{j=1}^{3} A_{ij} B^j , \qquad (i = 1, 2, 3) \tag{1}$$

$$a_\alpha a_\alpha \equiv a_1^2 + a_2^2 . \tag{2}$$

Es werden das KRONECKER-Symbol δ_{ij} und der sogenannte ε-Tensor ε_{ijk} [5] verwendet:

$$||\delta_{ij}|| = \begin{Vmatrix} 1 & 0 & 0 \\ 0 & 1 & 0 \\ 0 & 0 & 1 \end{Vmatrix} , \tag{3}$$

$$\varepsilon_{ijk} = \begin{vmatrix} \delta_{i1} & \delta_{i2} & \delta_{i3} \\ \delta_{j1} & \delta_{j2} & \delta_{j3} \\ \delta_{k1} & \delta_{k2} & \delta_{k3} \end{vmatrix} . \tag{4}$$

Der Entwicklungssatz in der Vektorrechnung erscheint in der Form

$$\varepsilon_{ijk} \varepsilon_{ilm} = \delta_{jl} \delta_{km} - \delta_{jm} \delta_{kl} . \tag{5}$$

Zur Kennzeichnung von Ableitungen nach den Koordinaten q^α dient die Kommaschreibweise, z. B.

$$\frac{\partial g_{\alpha\beta}(q^1, q^2)}{\partial q^\gamma} \equiv g_{\alpha\beta,\gamma} , \quad \frac{d^2 A(q^1)}{(dq^1)^2} \equiv A_{,1,1} . \tag{6}$$

Der Summenoperator $\sum_{P \in \mathfrak{G}}$ kann auf eine in jedem Punkt P einer abzählbaren Menge $\mathfrak{G}$ definierte Funktion (z. B. μ) angewandt werden; die Summation erstreckt sich über alle Punkte von $\mathfrak{G}$. Im folgenden bezeichnet $\mathfrak{G}$ die Menge der Massenpunkte des Gehänges (also das Gehänge selbst), somit P einen beliebigen Massenpunkt von $\mathfrak{G}$ und μ das Massenelement von $\mathfrak{G}$ an der Stelle P. Demnach läßt sich die gesamte träge Masse M von $\mathfrak{G}$ durch

$$M = \sum_{P \in \mathfrak{G}} \mu \,. \tag{7}$$

ausdrücken [16].

2. Theorie des mechanischen Empfängers eines Vertikalseismographen

2.1. Kinematik des Gestells

Es sei $\bar{O}$ ein bestimmter Punkt, der relativ zur „starren Erde“ ruht, also insbesondere an einem Erdbeben nicht teilnimmt. Diesen Punkt wählen wir zum Nullpunkt eines rechtssinnigen kartesischen Koordinatensystems $\bar{\mathfrak{S}}$, das im Rahmen der folgenden Untersuchungen als Inertialsystem dient. Somit werden z. B. die infolge der Erdrotation auftretenden Trägheitskräfte vernachlässigt.

Mit g wird der Betrag des Vektors der Schwerebeschleunigung in $\bar{O}$ zur Zeit t bezeichnet:

$$g = g(t) \,. \tag{8}$$

Die 2-Achse von $\bar{\mathfrak{S}}$ möge stets vertikal aufwärts gerichtet sein, so daß sich die $\bar{\mathfrak{S}}$-Koordinaten der Schwerebeschleunigung in $\bar{O}$ zur Zeit t mit $-g(t)\,\delta_{2i}$ ergeben. Die 1-Achse von $\bar{\mathfrak{S}}$ sei ostwärts, also die 3-Achse südwärts gerichtet.

Mit τ wird ein bestimmtes Zeitintervall und mit $\mathfrak{U}$ eine bestimmte Umgebung von $\bar{O}$ bezeichnet. Für $t \in \tau$ möge das Schwerefeld in $\mathfrak{U}$ hinreichend genau konstant sein. Die $\bar{\mathfrak{S}}$-Koordinaten der Schwerebeschleunigung sind dann in jedem beliebigen Punkt von $\mathfrak{U}$ zur Zeit $t \in \tau$ durch $-g\,\delta_{2i} = \text{const}$ gegeben.

Das starre Gestell des mechanischen Empfängers wird durch ein zweites rechtssinniges kartesisches Koordinatensystem $\mathfrak{S}$ mit dem Nullpunkt O repräsentiert. Für jeden Zeitpunkt $t \in \tau$ soll gelten:

$$O \in \mathfrak{U} \,. \tag{9}$$

Die Funktionen

$$\xi_i = \xi_i(t) \quad (t \in \tau) \tag{10}$$

sind die $\bar{\mathfrak{S}}$-Koordinaten von O. Zu einem bestimmten Zeitpunkt $t_0 \in \tau$ mögen die Punkte O und $\bar{O}$ koinzidieren, d. h., es wird

$$\xi_i(t_0) = 0 \tag{11}$$

vorausgesetzt. Die Funktionen (10) beschreiben die Translationen von $\mathfrak{S}$ gegenüber $\bar{\mathfrak{S}}$ im Zeitintervall τ.

Falls $\mathfrak{S}$ relativ zu $\overline{\mathfrak{S}}$ in τ auch Drehungen um O ausführt, soll die Drehachse $\mathfrak{D}$ in der Horizontalebene durch O liegen und eine in bezug auf $\mathfrak{S}$ konstante Richtung besitzen. Die Richtung von $\mathfrak{D}$ zeigt der Einheitsvektor mit den $\mathfrak{S}$-Koordinaten $\bar{e}_i$ ($\bar{e}_2 = 0$) an. Der Drehwinkel

$$\varphi = \varphi(t) \quad (t \in \tau) \tag{12}$$

beschreibt die Drehungen von $\overline{\mathfrak{S}}$ gegenüber $\mathfrak{S}$. Hierbei soll gelten:

$$\varphi(t_0) = 0\,. \tag{13}$$

Mit c_{1j}, c_{2j}, c_{3j} werden die Richtungskosinus der j-Achse von $\mathfrak{S}$ in bezug auf $\overline{\mathfrak{S}}$, also mit c_{i1}, c_{i2}, c_{i3} die Richtungskosinus der i-Achse von $\overline{\mathfrak{S}}$ in bezug auf $\mathfrak{S}$ bezeichnet. Es gilt

$$c_{ik}\, c_{jk} = c_{ki}\, c_{kj} = \delta_{ij}\,, \quad \det\,(c_{ij}) = 1\,, \quad c_{ij} = c_{ij}(\varphi)\,. \tag{14}$$

Der sogenannte Drehtensor D_{ij} ergibt sich zu [5]

$$\left.\begin{aligned} D_{ij} &= \bar{e}_i\, \bar{e}_j + (\delta_{ij} - \bar{e}_i\, \bar{e}_j) \cos\varphi - \varepsilon_{ijk}\, \bar{e}_k \sin\varphi\,, \\ D_{ij} &= D_{ij}(\varphi)\,, \quad D_{ij}(0) = \delta_{ij}\,. \end{aligned}\right\} \tag{15}$$

Nimmt man noch

$$c_{ij}(0) = \delta_{ij} \tag{16}$$

an (d. h., zum Zeitpunkt t_0 sollen $\mathfrak{S}$ und $\overline{\mathfrak{S}}$ identisch sein, was durch geeignete Justierung immer zu erreichen ist), so ergibt sich

$$c_{ik} = D_{ij}\, c_{jk}(0) = D_{ik}\,. \tag{17}$$

Für die in Betracht kommenden nur sehr kleinen Beträge von φ bietet sich die Näherungsformel

$$c_{ij} = \delta_{ij} - \varepsilon_{ijk}\, \bar{e}_k\, \varphi \tag{18}$$

an. Wegen (17) kann der Querstrich bei $\bar{e}_k$ auch weggelassen werden, und man darf statt (18)

$$c_{ij} = \delta_{ij} - \varepsilon_{ijk}\, e_k\, \varphi \tag{19}$$

schreiben.

Im folgenden sollen noch einige später benötigte Relationen angegeben werden. Entsprechend der bekannten Beziehung $\mathfrak{v} = \vec{\omega} \times \mathfrak{r}$ [4] zwischen dem Radiusvektor $\mathfrak{r}$ eines Punktes, seiner zeitlichen Änderung $\mathfrak{v}$ und dem Vektor der Drehgeschwindigkeit $\vec{\omega}$ hat man

$$\dot{c}_{ij} = \dot{\varphi}\, \varepsilon_{ikl}\, e_k\, c_{lj} \tag{20}$$

zu setzen, so daß die Gleichungen $e_k = c_{kl}\, e_l$ zu den Beziehungen

$$\dot{c}_{ij}\, c_{ik} = \dot{\varphi}\, \varepsilon_{imn}\, c_{ik}\, c_{ml}\, c_{nj}\, e_l = \dot{\varphi}\, \varepsilon_{klj}\, e_l = \dot{\varphi}\, e_i\, \varepsilon_{ijk}\,, \tag{21}$$

$$\dot{c}_{ij}\, \dot{c}_{ik} = \dot{c}_{mj}\, c_{mi}\, \dot{c}_{nk}\, c_{ni} = \dot{\varphi}^2\, e_m\, e_n\, \varepsilon_{mji}\, \varepsilon_{nki} \tag{22}$$

verhelfen.

2.2. Kinematik des Gehänges

Das Gehänge $\mathfrak{G}$ des Seismographen besteht aus einem starren Körper $\mathfrak{G}'$ und einer Schraubenfeder $\mathfrak{G}''$:

$$\mathfrak{G} = \mathfrak{G}' + \mathfrak{G}''\,. \tag{23}$$

Die elastischen Bindungen zwischen $\mathfrak{G}$ und $\mathfrak{S}$ seien holonom und skleronom. Für jeden Zeitpunkt $t \in \tau$ soll

$$\mathfrak{G} \subset \mathfrak{U} \tag{24}$$

gelten. Mit (9) und (24) ist gesichert, daß das Gehänge des mechanischen Empfängers in einem parallelen Schwerefeld verbleibt.

Einem beliebigen Massenpunkt P des Gehänges $\mathfrak{G}$ (symbolisch: $P \in \mathfrak{G}$) sind die $\mathfrak{S}$-Koordinaten x_i zugeordnet. Die Annahme

$$x_3 = \text{const} \tag{25}$$

besagt, daß der Abstand zwischen P und der (1,2)-Ebene von $\mathfrak{S}$ zeitlich konstant, also die Bewegung von $\mathfrak{G}$ relativ zu $\mathfrak{S}$ eben sein soll. Bei der Konstruktion des mechanischen Empfängers hat man darauf zu achten, daß diese Bedingung weitestgehend erfüllt ist. Für VSJ-I wurde dieses kinematische Verhalten von $\mathfrak{G}$ mittels zweier in einem relativ großen Abstand voneinander angeordneter elastischer Bindeglieder (Blattfedern) realisiert.

Der Punkt $Y \in \mathfrak{G}'$ mit den $\mathfrak{S}$-Koordinaten y_i repräsentiert die gehängefesten Klemmbacken einer Blattfeder. Wegen (25) gilt

$$y_3 = 0\,. \tag{26}$$

Erfolgt die Aufhängung von $\mathfrak{G}'$ wie bei VSJ-I unter Verwendung von zwei Blattfedern, dann ist Y die senkrechte Projektion der gehängefesten Klemmbacken der Blattfedern in die (1,2)-Ebene von $\mathfrak{S}$. Mit z_i werden die $\mathfrak{S}$-Koordinaten des Vektors $\overrightarrow{YP}$ für $P \in \mathfrak{G}'$ bezeichnet. Es ergibt sich

$$x_i = y_i + z_i \quad (P \in \mathfrak{G}')\,. \tag{27}$$

Der Drehwinkel η von $\mathfrak{G}'$ ist auf Grund von (15) durch

$$z_i = z_i(\eta) = [\delta_{3i}\,\delta_{3j} + (\delta_{ij} - \delta_{3i}\,\delta_{3j}) \cos \eta - \varepsilon_{ij3} \sin \eta]\, z_j(0)\,, \tag{28}$$

$$\eta = \eta(t)\,, \quad |\eta(t)| < 0{,}05 \quad (t \in \tau)\,, \quad \eta(t_0) = 0\,, \tag{29}$$

definiert. Mit (28) und (5) erhält man die Formel

$$\frac{dz_i}{d\eta} = \varepsilon_{i3j}\, z_j\,. \tag{30}$$

Es sei R ein bestimmter, mit $\mathfrak{G}'$ fest verbundener Punkt, der im folgenden das reibungslose Drehgelenk von $\mathfrak{G}'$ und $\mathfrak{G}''$ repräsentiert. Für die $\mathfrak{S}$-Koordinaten r_i des Vektors $\overrightarrow{YR}$ gelten die Beziehungen

$$r_i(\eta) = (\delta_{ij} \cos \eta - \varepsilon_{ij3} \sin \eta)\, r_j(0)\,, \quad r_3 = 0\,. \tag{31}$$

Der gestellfeste Punkt A mit den $\mathfrak{S}$-Koordinaten a_i liegt auf dem Drehgelenk der Schraubenfeder $\mathfrak{G}''$ und des Gestells. Es gilt

$$a_i = \text{const}\,, \quad a_3 = 0\,. \tag{32}$$

Die Punkte Y, R, A sollen notabene in der (1,2)-Ebene von $\mathfrak{S}$ liegen (Abb. 1).

Die Achse der Schraubenfeder $\mathfrak{G}''$ verläuft durch A und R. Der Abstand zwischen A und R wird mit L bezeichnet. Offenbar ist

$$L^2 = (y_i + r_i - a_i)\,(y_i + r_i - a_i) \tag{33}$$

stets positiv. Die Projektion eines Punktes $P \in \mathfrak{G}''$ auf die Achse von $\mathfrak{G}''$ bezeichnen wir mit P_*. Um die Schraubenfeder $\mathfrak{G}''$ einspannen zu können, benötigt man gewisse „Zwischenstücke" mit den konstanten Längen l_A und l_R, die sich formal durch

$$l_A = \inf_{P \in \mathfrak{G}''} \{\overline{AP_*}\}\,, \quad l_R = \inf_{P \in \mathfrak{G}''} \{\overline{RP_*}\} \tag{34}$$

ausdrücken lassen.

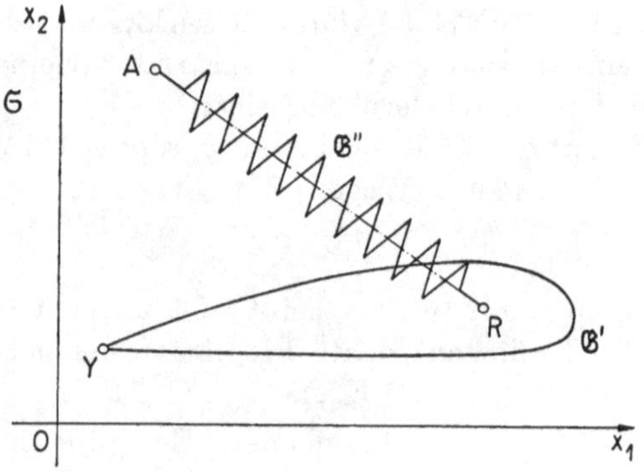

Abb. 1. Veranschaulichung von $\mathfrak{G}'$ und $\mathfrak{G}''$

Die Summe der Längen der Zwischenstücke wird mit l_Z und der Abstand zwischen A und P_* mit x bezeichnet, also

$$l_Z = l_A + l_R\,, \quad 0 < l_Z < L \tag{35}$$

und

$$l_A \leqq x \leqq L - l_R$$

oder

$$x = \frac{1}{L}\,(x_i - a_i)\,(y_i + r_i - a_i) \quad (P \in \mathfrak{G}'')\,. \tag{36}$$

Hierbei ist $\frac{1}{L}\,(y_i + r_i - a_i)$ der Einheitsvektor in Richtung der Federachse bzw. des Vektors $\overrightarrow{AR}$.

Die Länge der Schraubenfeder $\mathfrak{G}''$ sei Λ;

$$\Lambda = L - l_Z\,. \tag{37}$$

L_0 ist definiert durch $L = L_0$ für $y_i = 0$ und $\eta = 0$,

Λ_0 ist definiert durch $\Lambda = \Lambda_0$ für $y_i = 0$ und $\eta = 0$,

x_0 ist definiert durch $x = x_0$ für $y_i = 0$ und $\eta = 0$.

Die plausible Annahme

$$\frac{x - l_A}{x_0 - l_A} = \frac{\Lambda}{\Lambda_0} \tag{38}$$

besagt, daß die Dehnung von $\mathfrak{G}''$ stets homogen ist. Für die in Betracht kommenden Schraubenfedern trifft das hinreichend genau zu. Aus (37) und (38) folgt

$$x = \frac{x_0 - l_A}{L_0 - l_Z}(L - l_Z) + l_A\,. \tag{39}$$

Der in der (1,2)-Ebene von $\mathfrak{S}$ liegende Einheitsvektor $\frac{1}{L}\,\varepsilon_{i3j}\,(y_j + r_j - a_j)$ ist offensichtlich orthogonal zu $\frac{1}{L}\,(y_i + r_i - a_i)$. Führen wir nun die Größe

$$x_* = \frac{1}{L}\,\varepsilon_{i3j}\,(x_i - a_i)\,(y_j + r_j - a_j) \qquad \text{für} \qquad P \in \mathfrak{G}'' \tag{40}$$

ein, dann lassen sich für die $\mathfrak{S}$-Koordinaten x_i von $P \in \mathfrak{G}''$ die Beziehungen (s. Abb. 2):

$$x_i = a_i + \frac{x}{L}\,(y_i + r_i - a_i) + \frac{x_*}{L}\,\varepsilon_{i3j}\,(y_j + r_j - a_j) + \delta_{i3}\,x_3 \quad (P \in \mathfrak{G}'') \tag{41}$$

oder auch

$$x_i = a_i + \frac{1}{L}\,(x\,\delta_{ij} + x_*\,\varepsilon_{i3j})\,(y_j + r_j - a_j) + \delta_{i3}\,x_3 \quad (P \in \mathfrak{G}'') \tag{42}$$

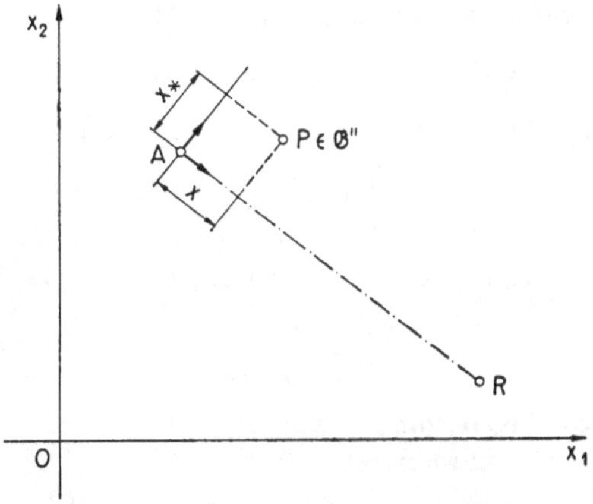

Abb. 2. Zur Darstellung von $P \in \mathfrak{G}''$ im Schraubenfederkoordinatensystem (die dritte Dimension ist nicht angedeutet)

angeben. Außerdem wird in Übereinstimmung mit (25) angenommen, daß sich bei der Dehnung von $\mathfrak{G}''$ alle Federpunkte parallel zur Federachse AR bewegen, so daß

$$x_* = \text{const} \tag{43}$$

gilt.

Im folgenden wird mit μ ein Massenelement von $\mathfrak{G}$ an der Stelle P bezeichnet. Die träge Masse M von $\mathfrak{G}'$ bzw. m_* von $\mathfrak{G}''$ läßt sich also durch

$$M = \sum_{P \in \mathfrak{G}'} \mu \tag{44}$$

bzw.

$$m_* = \sum_{P \in \mathfrak{G}''} \mu \tag{45}$$

ausdrücken. Offenbar hat man stets

$$m_* < M \tag{46}$$

anzunehmen. Bei VSJ-I ergibt sich $\frac{m_*}{M} < 0{,}11$.

Die $\mathfrak{S}$-Koordinaten des Massenmittelpunkts P' von $\mathfrak{G}'$ sind durch

$$x_i' = \frac{1}{M} \sum_{P \in \mathfrak{G}'} \mu\, x_i \tag{47}$$

definiert. Die $\mathfrak{S}$-Koordinaten des Vektors $\overrightarrow{YP'}$ werden mit z_i' bezeichnet. Wegen (27) bekommt man

$$x_i' = y_i + z_i' \,. \tag{48}$$

Der mechanische Empfänger möge so konstruiert sein, daß P' in der (1,2)-Ebene von $\mathfrak{S}$ liegt und x_1' immer positiv ist:

$$x_3' = 0 \,, \quad x_1' > 0 \,. \tag{49}$$

Für z_i' erhält man unter Verwendung von (28) die Darstellung

$$z_i' = z_i'(\eta) = (\delta_{ij} \cos \eta - \varepsilon_{ij3} \sin \eta)\, z_j'(0) \,, \quad z_3' = 0 \,. \tag{50}$$

Die Ableitung von z_i' nach η ergibt sich analog zu (30) zu

$$\frac{dz_i'}{d\eta} = \varepsilon_{i3j}\, z_j' \,. \tag{51}$$

Die $\mathfrak{S}$-Koordinaten des Massenmittelpunkts P'' sind per definitionem mit

$$x_i'' = \frac{1}{m_*} \sum_{P \in \mathfrak{G}''} \mu x_i \tag{52}$$

bestimmt. Es wird angenommen, daß P'' auf der Federachse im Abstand $\Lambda/2 + l_A$ von A liegt. Daraus folgt

$$\sum_{P \in \mathfrak{G}''} \mu\, x = m_* \left(\frac{\Lambda}{2} + l_A\right) = \frac{1}{2}\, m_* L \left(1 + \frac{l_A - l_R}{L}\right), \tag{53}$$

$$\sum_{P \in \mathfrak{G}''} \mu\, x_* = \sum_{P \in \mathfrak{G}''} \mu\, x_3 = 0 \,. \tag{54}$$

Mit Rücksicht auf diese Beziehungen bekommt man aus (42) und (52)

$$x_i'' = a_i + \frac{1}{2} \left(1 + \frac{l_A - l_R}{L}\right) (y_i + r_i - a_i) \,. \tag{55}$$

Der Ausdruck $1 + \frac{l_A - l_R}{L}$ ist eine komplizierte Funktion von η und y_i. Es erscheint deshalb als zweckmäßig, ihn folgendermaßen umzuformen:

$$1 + \frac{l_A - l_R}{L} = \left(1 + \frac{l_A - l_R}{L_0}\right)\left[1 - \frac{l_A - l_R}{L_0 + l_A - l_R}\left(1 - \frac{L_0}{L}\right)\right]. \tag{56}$$

Unter der Bedingung

$$\frac{|l_A - l_R|}{L_0 + l_A - l_R} \cdot \left|1 - \frac{L_0}{L}\right| \ll 1 \tag{57}$$

läßt sich die rechte Seite der Gleichung (56) durch $1 + \frac{l_A - l_R}{L_0}$ ersetzen. Da die beiden Faktoren in (57) in praxi beträchtlich kleiner als 1 sind, ist die Forderung (57) gut zu erfüllen.

Es ist theoretisch vorteilhaft, die modifizierte Masse

$$m = \frac{1}{2}\, m_* \left(1 + \frac{l_A - l_R}{L_0}\right) \tag{58}$$

einzuführen. Damit schreibt sich die Formel (53)

$$\sum_{P \in \mathfrak{G}''} \mu\, x = m\, L\,, \tag{59}$$

und (55) geht in

$$x_i'' = a_i + \frac{1}{2}\left(1 + \frac{l_A - l_R}{L_0}\right)(y_i + r_i - a_i) \tag{60}$$

über.

Der Massenmittelpunkt des gesamten Gehänges $\mathfrak{G}$ soll mit S bezeichnet werden. Seine $\mathfrak{S}$-Koordinaten s_i sind mit den $\mathfrak{S}$-Koordinaten von P' und P'' durch die Relation

$$(M + m_*)\, s_i = M\, x_i' + m_*\, x_i'' \tag{61}$$

bestimmt. Unter Beachtung von (31), (48), (50) und (60) ergibt sich also

$$(M + m_*) s_i = (M + m)\, y_i + (\delta_{ij} \cos\eta - \varepsilon_{ij3} \sin\eta)\,[M\, z_j'(0) + m\, r_j(0)] + \\ + (m_* - m)\, a_i\,, \tag{62}$$

$$s_3 = 0\,, \quad s_1 > 0\,. \tag{63}$$

Wenn man mit $\bar{x}_i$ die $\bar{\mathfrak{S}}$-Koordinaten von $P \in \mathfrak{G}$ bezeichnet, ergibt sich die Koordinatentransformation

$$\bar{x}_i = c_{ij}\, x_j + \xi_i\,. \tag{64}$$

Da skleronome Bindungen zwischen $\mathfrak{S}$ und $\mathfrak{G}$ vorausgesetzt sind, ist die virtuelle Verrückung δx_j von $P \in \mathfrak{G}$ in bezug auf $\mathfrak{S}$ gleich der realen Verrückung dx_j, und es gilt

$$\delta \bar{x}_i = c_{ij}\, dx_j\,. \tag{65}$$

2.3. Dynamik

Zunächst soll die dynamische Wirkung des Blattfedergelenkes auf die Gehängebewegung untersucht werden. Die Masse der Blattfedern kann als vernachlässigbar klein angesehen werden, so daß nur die elastischen Kräfte zu berücksichtigen sind. Infolge der Einspannung der Blattfedern greift in Y eine Rückstellkraft an, deren $\mathfrak{S}$-Koordinaten wir mit Y_i bezeichnen. Offenbar gilt

$$Y_3 = 0 .$$

Y_i^0 ist definiert durch $Y_i = Y_i^0$ für $y_i = 0$ und $\eta = 0$.

Weiterhin üben die eingespannten Blattfedern ein „dirigierendes Moment" auf das Gehänge aus, worauf in anderem Zusammenhang schon in der Arbeit von H. BOCK [2] hingewiesen wurde. Die $\mathfrak{S}$-Koordinaten dieses Drehmomentes werden mit $-W\,\delta_{3i}$ bezeichnet. Die Einspannung möge so vorgenommen sein, daß

$$W = 0 \quad \text{für} \quad y_i = 0 \quad \text{und} \quad \eta = 0 . \tag{66}$$

R_i seien die $\mathfrak{S}$-Koordinaten der in R angreifenden Federkraft von $\mathfrak{G}''$. Dabei ist

$$R_3 = 0 .$$

Mit $\varkappa_*$ wird die sogenannte Federkonstante von $\mathfrak{G}''$ bezeichnet. Man hat $\varkappa_*$ als eine Funktion der Temperatur ϑ anzusehen:

$$\varkappa_* = \varkappa_*(\vartheta) > 0 .$$

Die Koordinaten der Federkraft von $\mathfrak{G}''$ mögen sich nun folgendermaßen ausdrücken lassen:

$$R_i = -\varkappa_*\,(\Lambda - l_F)\,\frac{(y_i + r_i - a_i)}{L} = -\varkappa_*\left(1 - \frac{l_F + l_Z}{L}\right)(y_i + r_i - a_i) . \tag{67}$$

Hierbei ist l_F die „Vorspannlänge" von $\mathfrak{G}''$. Der Ausdruck $1 - \frac{l_F + l_Z}{L}$ läßt sich analog zu $1 + \frac{l_A - l_R}{L}$ umformen:

$$1 - \frac{l_F + l_Z}{L} = \left(1 - \frac{l_F + l_Z}{L_0}\right)\left[1 + \frac{l_F + l_Z}{L_0 + \Delta - l_Z}\left(1 - \frac{L_0}{L}\right)\right].$$

Die Formel (67) vereinfacht sich wesentlich, wenn man

$$\frac{|l_F + l_Z|}{L_0 - l_F - l_Z}\left|1 - \frac{L_0}{L}\right| \ll 1 \tag{68}$$

fordert, wodurch die nichtlinearen Effekte vermindert werden. Die Einhaltung dieser wichtigen Bedingung ist von großer Bedeutung. Die Beziehung (67) erhält jetzt die Gestalt

$$R_i = -\varkappa_*\left(1 - \frac{l_F + l_Z}{L_0}\right)(y_i + r_i - a_i) . \tag{69}$$

Es empfiehlt sich nun, die modifizierte Federkonstante

$$\varkappa = \varkappa_*\left(1 - \frac{l_F + l_Z}{L_0}\right), \quad \varkappa = \varkappa(\vartheta) , \tag{70}$$

einzuführen. Damit erhält man für die Federkraft von $\mathfrak{G}''$ die Darstellung

$$R_i = -\varkappa\,(y_i + r_i - a_i)\,. \tag{71}$$

Bisher wurde $|l_F + l_Z| \ll L$ angestrebt, was optimal erreicht ist, wenn man die Feder $\mathfrak{G}''$ mit einer solchen negativen Vorspannung versieht, daß sie die Gesamtlänge l_Z der Zusatzstücke kompensiert, also $l_F + l_Z = 0$ gilt (vgl. [18]). Die jetzigen Betrachtungen zeigen, daß die weniger strenge Bedingung (68) ausreicht. Es muß nun nur noch die Federkonstante $\varkappa_*$ gemäß (70) abgeändert werden.

Der einzuführenden Dämpfungskraft sind einige Bemerkungen über die Dämpfungsvorrichtung vorauszustellen: Am Gehänge werden zwei kleine zylindrische Spulen befestigt, wovon jede in einen ringförmigen Luftspalt eines eigenen gestellfesten Dauermagneten eintauchen kann. Während die eine Tauchspule für die notwendige Dämpfung der Gehängebewegung vorgesehen ist, bildet die andere mit dem zugeordneten Dauermagneten den elektromechanischen Wandler, der die Gehängebewegung in elektrische Spannungsschwankungen überträgt. Beide Systeme mögen nahezu identisch sein, so daß eine Vertauschung der Funktionen der Spulen theoretisch belanglos ist.

Wegen der Kleinheit der Spulen genügt es, sie durch ihre Schwerpunkte zu markieren. Diese beiden gehängefesten Punkte kann man sich als Angriffspunkte der dämpfenden Kräfte vorstellen.

Im Punkt $N \in \mathfrak{G}'$ mögen die auf $\mathfrak{G}$ einwirkenden dämpfenden Kräfte angreifen. Die $\mathfrak{S}$-Koordinaten des Vektors $\overrightarrow{YN}$ werden mit n_i bezeichnet;

$$n_i = n_i(\eta) = (\delta_{ij}\cos\eta - \varepsilon_{ij3}\sin\eta)\,n_j(0)\,, \quad n_3 = 0\,. \tag{72}$$

Der Einheitsvektor mit den $\mathfrak{S}$-Koordinaten f_i zeigt die Richtung der Achse des gestellfesten Ringspaltmagneten für die Dämpfungsspule an;

$$f_i = \text{const}, \quad f_3 = 0\,, \quad f_i f_i = 1\,. \tag{73}$$

Da wir eine geschwindigkeitsproportionale Dämpfung annehmen, ergibt sich für die $\mathfrak{S}$-Koordinaten der Dämpfungskraft mit den $\mathfrak{S}$-Koordinaten N_i unter Verwendung von (27)

$$N_i = -\varrho\, f_i f_j\,(\dot{y}_j + \dot{n}_j)\,. \tag{74}$$

Dabei ist ϱ die Dämpfungskonstante, $\varrho \geqq 0$; das Gleichheitszeichen gilt nur bei entfernter Dämpfungsvorrichtung.

Nun werden die $\overline{\mathfrak{S}}$-Koordinaten $\overline{X}_i$ und die $\mathfrak{S}$-Koordinaten X_i der Resultierenden aller in P angreifenden äußeren Kräfte eingeführt. Zwischen $\overline{X}_i$ und X_i bestehen die Relationen

$$\overline{X}_i = c_{ij}\,X_j\,, \quad X_j = c_{ij}\,\overline{X}_i\,. \tag{75}$$

Nach dem D'ALEMBERTschen Prinzip gilt

$$\sum_{P\in\omega} (\mu\,\ddot{\overline{x}}_i - \overline{X}_i)\,\delta\overline{x}_i = 0\,. \tag{76}$$

Mit (65) und (75) folgt hieraus

$$\sum_{P\in\mathfrak{G}} \mu\, \ddot{x}_i\, c_{ij}\, dx_j = \sum_{P\in\mathfrak{G}} X_i\, dx_i\,. \tag{77}$$

Man kann die Zerlegung

$$\sum_{P\in\mathfrak{G}} X_i\, dx_i = \sum_{P\in\mathfrak{G}'} X_i\, dx_i + \sum_{P\in\mathfrak{G}''} X_i\, dx_i \tag{78}$$

vornehmen. Auf die Punkte $P \in \mathfrak{G}''$ wirkt die Schwerkraft mit den $\overline{\mathfrak{S}}$-Koordinaten $-\mu\, g\, \delta_{2i}$, so daß man wegen (75) die Beziehung

$$\sum_{P\in\mathfrak{G}''} X_i\, dx_i = -\, g\, c_{2i} \sum_{P\in\mathfrak{G}''} \mu\, dx_i$$

bekommt, die sich unter Verwendung von (31, 32, 52, 58, 60) in

$$\sum_{P\in\mathfrak{G}''} X_i\, dx_i = -\, m_*\, g\, c_{2i}\, dx_i'' = -\, m\, g\, c_{2i}\, (dy_i - \varepsilon_{ij3}\, r_j\, d\eta) \tag{79}$$

umformen läßt.

Mit (27) und (30) ergibt sich

$$\sum_{P\in\mathfrak{G}'} X_i\, dx_i = \Big(\sum_{P\in\mathfrak{G}'} X_i\Big)\, dy_i + \Big(\sum_{P\in\mathfrak{G}'} \varepsilon_{ij3}\, z_i\, X_j\Big)\, d\eta\,. \tag{80}$$

Der Term $\sum_{P\in\mathfrak{G}'} X_i$ stellt die i-Komponente der Summe aller an $\mathfrak{G}'$ angreifenden äußeren Kräfte dar, während $\sum_{P\in\mathfrak{G}'} \varepsilon_{ij3}\, z_i\, X_j$ die 3-Komponente der Summe aller an $\mathfrak{G}'$ angreifenden Drehmomente bedeutet. Demnach erhält man

$$\sum_{P\in\mathfrak{G}'} X_i = -\, M\, g\, c_{2i} + Y_i + R_i + N_i\,, \tag{81}$$

$$\sum_{P\in\mathfrak{G}'} \varepsilon_{ij3}\, z_i\, X_j = M\, g\, \varepsilon_{ij3}\, c_{2i}\, z_j' - W + \varepsilon_{ij3}\, (r_i\, R_j + n_i\, N_j)\,. \tag{82}$$

Die Zusammenfassung von (78) bis (82) liefert für $\sum_{P\in\mathfrak{G}} X_i\, dx_i$ die Darstellung

$$\sum_{P\in\mathfrak{G}} X_i\, dx_i = [-\, (M + m)\, g\, c_{2i} + Y_i + R_i + N_i]\, dy_i + \\ + [\varepsilon_{ij3}\, c_{2i}\, (M\, z_j' + m\, r_j)\, g - W + \varepsilon_{ij3}\, (r_i\, R_j + n_i\, N_j)\, d\eta\,. \tag{83}$$

Falls im Zeitintervall τ sowohl $\xi_i \equiv 0$ als auch $\varphi \equiv 0$ gilt, der Seismograph sich also in einer Ruhelage befindet, möge diese die stabile Gleichgewichtslage von $\mathfrak{G}$ sein, die bei der Temperatur $\vartheta = 0$ durch $y_i = 0$ und $\eta = 0$ bestimmt wird. Mit $\varkappa_0$ ist $\varkappa(0)$ gemeint. Wenn man dem Punkt Y zwei Freiheitsgrade zuerteilt, folgt nach dem Prinzip der virtuellen Arbeit mittels der Beziehungen (71) und (74)

$$-\, (M + m)\, g\, \delta_{2i} + Y_i^0 - \varkappa_0\, [r_i(0) - a_i] = 0\,, \tag{84}$$

$$-\, [M\, z_1'(0) + m\, r_1(0)]\, g + \varkappa_0\, \varepsilon_{ij3}\, r_i(0)\, a_j = 0\,. \tag{85}$$

Aus der Gleichung (84) errechnet sich Y_i^0 zu

$$Y_i^0 = (M + m)\, g\, \delta_{2i} + \varkappa_0\, [r_i(0) - a_i]\,. \tag{86}$$

Der Betrag der Kraft mit den $\mathfrak{S}$-Koordinaten Y_i^0 wird mit U bezeichnet:

$$U^2 = Y_i^0 \, Y_i^0 = \varkappa_0^2 \, L_0^2 + g \, (M + m) \, \{g \, (M + m) + 2 \, \varkappa_0 \, [r_2(0) - a_2]\} \, , \quad U^2 > 0 \, . \tag{87}$$

Die modifizierte Federkonstante bei der Temperatur $\vartheta = 0$ ergibt sich aus (85) zu

$$\varkappa_0 = g \, \frac{M z_1' \, (0) + m \, r_1(0)}{\varepsilon_{ij3} \, r_i(0) \, a_j} \, . \tag{88}$$

Die Größen h_i seien die $\mathfrak{S}$-Koordinaten eines Einheitsvektors:

$$h_i = \text{const} \, , \quad h_3 = 0 \, , \quad h_i \, h_i = 1 \, . \tag{89}$$

Die Projektion y des Vektors $\overrightarrow{OY}$ auf eine Gerade mit der Richtung h_i ist durch

$$y = y_i \, h_i \tag{90}$$

und die Projektion $-V$ der Kraft mit den $\mathfrak{S}$-Koordinaten Y_i auf dieselbe Gerade durch

$$V = - \, Y_i \, h_i \tag{91}$$

bestimmt. Setzt man noch

$$Y_i^0 \, h_i = 0 \tag{92}$$

voraus, dann folgt mit (91)

$$V = 0 \qquad \text{für} \qquad y = 0 \qquad \text{und} \qquad \eta = 0 \, . \tag{93}$$

Nun empfiehlt sich die Annahme, daß sich Y nur auf jener Geraden durch O bewegen kann, deren Richtung der Vektor h_i anzeigt:

$$y_i = y \, h_i \, . \tag{94}$$

Das Gehänge $\mathfrak{G}$ hat demnach zwei Freiheitsgrade, und y, η sind generalisierte Koordinaten von $\mathfrak{G}$. Zunächst wurden drei Freiheitsgrade berücksichtigt, um die senkrecht auf der Bewegungsrichtung von Y stehende Kraft Y_i^0 berechnen zu können [vgl. (86)]. Die ebene Kurve, auf der sich Y bewegt, kann aber für die in Betracht kommenden kleinen Auslenkungen der Blattfedern durch eine Gerade angenähert werden (Abb. 3).

Infolgedessen möge sich Y_i durch

$$Y_i = - \, U \, \varepsilon_{ij3} \, h_j - V \, h_i \tag{95}$$

ausdrücken lassen. Demnach soll mit Y_i in der Ruhelage $y = 0$ und $\eta = 0$ nur eine Kraft senkrecht zur Bewegungsrichtung von Y, also in Richtung der gestreckten Blattfeder wirken. Die elastischen Kräfte innerhalb der Blattfeder halten dieser Kraft mit dem Betrage U das Gleichgewicht. Das ist bei der Justierung der Blattfedern zu beachten.

Aus (95) ist h_i unter Verwendung von (93) bestimmbar: Man erhält

$$h_1 = \frac{Y_2^0}{U} \, , \qquad h_2 = - \frac{Y_1^0}{U} \, . \tag{96}$$

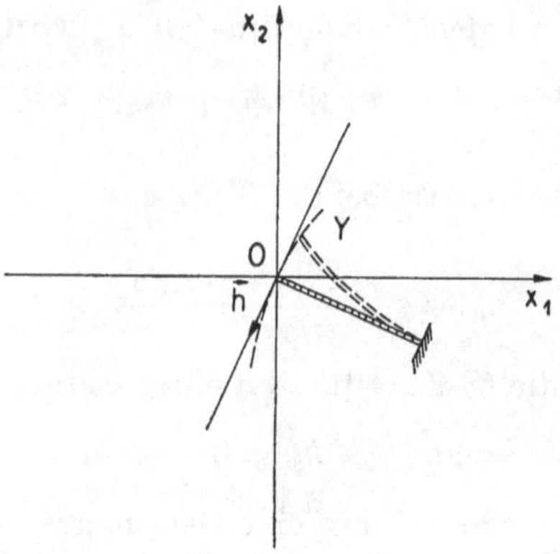

Abb. 3. Bewegung des Punktes Y, $h = (h_1, h_2, 0)$

Da nach (94) $dy_i = dy \cdot h_i$ gilt, ergibt sich mit (83) und (95) für $\left(\sum_{P \in \mathfrak{G}} X_i\right) dy_i$ die Darstellung

$$\left(\sum_{P \in \mathfrak{G}} X_i\right) dy_i = [-(M + m)\, g\, c_{2i}\, h_i - V + (R_i + N_i)\, h_i]\, dy\,. \tag{97}$$

Mit λ wird die „freie" Länge der Blattfedern und mit J ihre Biegesteifigkeit bezeichnet. Außerdem führen wir die dimensionslose Größe

$$q = \frac{\operatorname{Tan} \frac{\lambda}{2} \sqrt{\frac{U}{J}}}{\frac{\lambda}{2} \sqrt{\frac{U}{J}}}\,, \qquad 0 < q < 1\,, \tag{98}$$

ein. Dann folgt aus der linearen Blattfedertheorie in [16] für die benötigten Größen V und W, wenn man noch $\tan \eta$ durch η ersetzt,

$$V = \frac{U}{1-q} \left(\frac{1}{\lambda}\, y - \frac{q}{2}\, \eta\right), \tag{99}$$

$$W = -\frac{1}{2} \frac{U q}{1-q} \left(y - \frac{\lambda}{2}\, \eta\right) + \frac{J}{\lambda} \frac{1}{q}\, \eta\,. \tag{100}$$

Durch eine geeignete Vorzeichenwahl sind die zu den in Abb. 4 entgegengesetzten Richtungen der Kräfte und des Moments bereits berücksichtigt.

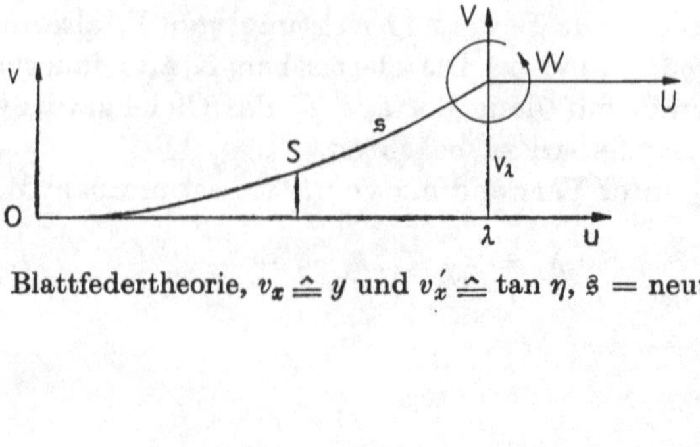

Abb. 4. Zur Blattfedertheorie, $v_x \mathrel{\hat=} y$ und $v_x' \mathrel{\hat=} \tan \eta$, $\mathfrak{s}$ = neutrale Faser

Aus (99) und (100) ergeben sich die Beziehungen

$$\frac{\partial V}{\partial y} = \frac{1}{\lambda} \frac{U}{1-q}, \tag{101}$$

$$\frac{\partial V}{\partial \eta} = \frac{\partial W}{\partial y} = -\frac{1}{2} \frac{U q}{1-q}, \tag{102}$$

$$\frac{\partial W}{\partial \eta} = \frac{\lambda}{4} \frac{U q}{1-q} + \frac{J}{\lambda} \frac{1}{q}. \tag{103}$$

Sie gestatten, den dynamischen Einfluß der Blattfedern auf die Gehängebewegung festzustellen, wenn auch nur ihren linearen Anteil. Es ist durchaus denkbar, daß $\mathfrak{G}$ zu Schwingungen angeregt wird, wobei sich die Blattfedern S-förmig verbiegen und ihre neutralen Fasern Wendepunkte aufweisen. Solche Schwingungen werden mit den linearen Termen (101)—(103) nicht erfaßt. Außerdem sei darauf hingewiesen, daß die gewiß vorhandene Dämpfung der Blattfederschwingungen unberücksichtigt bleibt, da sich dafür kein einfacher analytischer Ausdruck analog zu (74) angeben läßt.

Um einen Eindruck von der Größenordnung der Ableitungen von V und W zu vermitteln, sollen diese hier für VSJ-I grob abgeschätzt werden:

$$\frac{\partial V}{\partial y} \approx 26 \cdot 10^3 \text{ kp/m},$$

$$\frac{\partial V}{\partial \eta} = \frac{\partial W}{\partial y} \approx -21 \text{ kp},$$

$$\frac{\partial W}{\partial \eta} \approx 29 \cdot 10^{-3} \text{ kpm}.$$

Beachtenswert ist besonders die Größenordnung von $\partial V/\partial y$ im Vergleich zur Konstanten $\varkappa_0$, die bei VSJ-I etwa 40 kp/m beträgt.

2.4. Das Potential

2.4.1. Berechnung des Potentials

Wegen $x_i = x_i(\eta, y)$ erhält man aus (83) sofort

$$\sum_{P \in \mathfrak{G}} X_i \frac{\partial x_i}{\partial \eta} = \varepsilon_{ij3}\, c_{2i} (M z_j' + m r_j) g - W + \varepsilon_{ij3} (r_i R_j + n_i N_j), \tag{104}$$

$$\sum_{P \in \mathfrak{G}} X_i \frac{\partial x_i}{\partial y} = -(M + m) g\, c_{2i} h_i - V + (R_i + N_i) h_i. \tag{105}$$

Setzt man für R_j den Ausdruck (71) ein, so ergibt sich unter Beachtung von (94)

$$\frac{\partial}{\partial y} \sum_{P \in \mathfrak{G}} X_i \frac{\partial x_i}{\partial \eta} = -\frac{\partial W}{\partial y} - \varkappa\, \varepsilon_{ij3}\, r_i h_j,$$

$$\frac{\partial}{\partial \eta} \sum_{P \in \mathfrak{G}} X_i \frac{\partial x_i}{\partial y} = -\frac{\partial V}{\partial \eta} + \varkappa\, \varepsilon_{ij3}\, h_i r_j + \frac{\partial N_i}{\partial \eta} h_i.$$

Da nach (102) $\dfrac{\partial W}{\partial y} = \dfrac{\partial V}{\partial \eta}$ gilt, haben wir es bei Entfernung der Dämpfungsvorrichtung mit einem konservativen inneren Kraftsystem zu tun; denn die Integrabilitätsbedingung

$$\frac{\partial}{\partial \eta} \sum_{P \in \mathfrak{G}} X_i \frac{\partial x_i}{\partial y} = \frac{\partial}{\partial y} \sum_{P \in \mathfrak{G}} X_i \frac{\partial x_i}{\partial \eta} + \frac{\partial N_i}{\partial \eta} h_i \tag{106}$$

ist erfüllt, so daß die Existenz eines Potentials für die dämpfungsfreien Kräfte gesichert ist. Man stellt zugleich fest, daß ohne die Bedingung (68) für die Federkraft kein Potential existieren würde. Wir wollen das Potential von $\mathfrak{G}$ mit H bezeichnen.

Die Größen c_{2i} hängen von φ ab. Weiterhin sind die Gestell- und Gehängeparameter, darunter die Federkonstante, Funktionen der Temperatur ϑ. Demzufolge interessiert die Funktion

$$H = H(\eta, y; \vartheta, \varphi) . \tag{107}$$

Im folgenden setzen wir aber zwecks Vereinfachung der Betrachtungen $\vartheta = 0$, d. h., im Zeitintervall τ ist die Temperatur hinreichend konstant. Wir untersuchen also nur die Funktion

$$H = H(\eta, y; 0, \varphi)$$

mit den partiellen Ableitungen

$$\frac{\partial H}{\partial \eta} = - \varepsilon_{ij3}\, c_{2i} \,(M z_j' + m r_j)\, g + W + \varkappa_0\, \varepsilon_{ij3}\, r_i \,(y h_j - a_j) , \tag{108}$$

$$\frac{\partial H}{\partial y} = (M + m)\, g\, c_{2i}\, h_i + V + \varkappa_0 \,(y h_i + r_i - a_i)\, h_i . \tag{109}$$

Zur Berechnung von H wird (108) integriert. Die Größen z_i' und r_i enthalten η nur als Argument von Sinus- und Kosinus-Funktionen, so daß sich die Integration durch einmalige Differentiation ausdrücken läßt. Wegen

$$W = \frac{\partial W}{\partial \eta} \eta + \frac{\partial W}{\partial y} y , \quad \frac{\partial W}{\partial \eta} = \text{const} , \quad \frac{\partial W}{\partial y} = \text{const} ,$$

erhält man

$$H = - \frac{\partial^2 H}{\partial \eta^2} + \frac{1}{2} \frac{\partial W}{\partial \eta} \eta^2 + \frac{\partial W}{\partial y} \eta\, y + H_*(y) . \tag{110}$$

$H_*(y)$ ist eine von y (und dem bei diesem Integrationsprozeß fixierten Parameter φ) abhängende Funktion. Es ergibt sich

$$\frac{dH_*(y)}{dy} = \frac{\partial H}{\partial y} + \frac{\partial^3 H}{\partial \eta^2\, \partial y} - \frac{\partial W}{\partial y} \eta .$$

Wir setzen $V = \frac{\partial V}{\partial \eta} \eta + \frac{\partial V}{\partial y} y$ in (109) ein und beachten die Relation $\frac{\partial V}{\partial \eta} = \frac{\partial W}{\partial y}$.
Die Ableitung $\frac{\partial^3 H}{\partial \eta^2\, \partial y}$ wird aus (109) durch zweimalige Differentiation nach η gewonnen. Auf diese Weise bekommt man

$$\frac{dH_*}{dy} = (M + m)\, g\, c_{2i}\, h_i + \frac{\partial V}{\partial y} y + \varkappa_0 \,(y h_i - a_i)\, h_i$$

und hieraus durch Integration

$$H_*(y) = [(M + m)\, g\, c_{2i} - \varkappa_0\, a_i]\, h_i\, y + \frac{1}{2}\left(\frac{\partial V}{\partial y} + \varkappa_0\right) y^2 + C\,. \tag{111}$$

Die Integrationskonstante C wird später so gewählt, daß $H(0{,}0;\, 0{,}0) = 0$.

Man verfügt nun für H nach (110) über den Ausdruck

$$H = -\frac{\partial^2 H}{\partial \eta^2} + [(M + m)\, g\, c_{2i} - \varkappa_0\, a_i]\, h_i\, y + + \frac{1}{2}\frac{\partial W}{\partial \eta}\eta^2 + \frac{\partial W}{\partial y}\eta\, y + \frac{1}{2}\left(\frac{\partial V}{\partial y} + \varkappa_0\right) y^2 + C\,. \tag{112}$$

Die Ableitung $\frac{\partial^2 H}{\partial \eta^2}$ ergibt sich aus (108) durch nochmalige Differentiation nach η:

$$-\frac{\partial^2 H}{\partial \eta^2} = c_{2i}\,(M\, z_i' + m\, r_i)\, g - \frac{\partial W}{\partial \eta} + \varkappa_0\,(y\, h_i - a_i)\, r_i\,. \tag{113}$$

Diese Gleichung wird weiter umgeformt, indem man für c_{2i} nach (19) den Näherungsausdruck $\delta_{2i} - \varepsilon_{2ik}\, e_k\, \varphi$ einsetzt. Das führt zu der Beziehung

$$\begin{aligned} -\frac{\partial^2 H}{\partial \eta^2} &= (M\, z_2' + m\, r_2)\, g + (M\, z_1' + m\, r_1)\, g\, e_3\, \varphi - \frac{\partial W}{\partial \eta} + \varkappa_0\,(y\, h_i - a_i)\, r_i \\ &= -\frac{\partial W}{\partial \eta} + \{[M\, z_2'(0) + m\, r_2(0)]\, g - \varkappa_0\, a_i\, r_i(0)\}\cos\eta \\ &\quad + \{[M\, z_1'(0) + m\, r_1(0)]\, g + \varkappa_0\, \varepsilon_{ij3}\, a_i\, r_j(0)\}\sin\eta + (M\, z_1' + m\, r_1)\, g\, e_3\, \varphi \\ &\quad + \varkappa_0\, h_i\, r_i\, y\,. \end{aligned}$$

Sie läßt sich vereinfachen, indem man die Gleichgewichtsbedingung

$$\varkappa_0\, \varepsilon_{ij3}\, r_i(0)\, a_j = [M\, z_1'(0) + m\, r_1(0)]\, g$$

verwendet. Daraus folgt

$$\begin{aligned} -\frac{\partial^2 H}{\partial \eta^2} &= -\frac{\partial W}{\partial \eta} + \{[M\, z_2'(0) + m\, r_2(0)]\, g - \varkappa_0\, a_i\, r_i(0)\}\cos\eta \\ &\quad + (M\, z_1' + m\, r_1)\, g\, e_3\, \varphi + \varkappa_0\, h_i\, r_i\, y \end{aligned}$$

gilt. Die Integrationskonstante C ergibt sich nun zu

$$C = \frac{\partial W}{\partial \eta} + \varkappa_0\, a_i\, r_i(0) - [M\, z_2'(0) + m\, r_2(0)]\, g\,.$$

Verwendet man auch die aus der Gleichgewichtsbedingung (92) unter Beachtung von (86) hervorgehende Formel

$$(M + m)\, g\, h_2 + \varkappa_0\,[r_i(0) - a_i]\, h_i = 0\,, \tag{114}$$

so liefert (112) schließlich

$$\begin{aligned} H(\eta, y;\, 0, \varphi) &= 2\,\{\varkappa_0\, a_i\, r_i(0) - g\,[M\, z_2'(0) + m\, r_2(0)]\}\sin^2\frac{\eta}{2} \\ &\quad + \{[M\, z_1'(0) + m\, r_1(0)]\cos\eta - [M\, z_2'(0) + m\, r_2(0)]\sin\eta \\ &\quad + (M + m)\, h_1\, y\}\, g\, e_3\, \varphi - \varkappa_0\, h_i\, r_j(0)\,\left(2\,\delta_{ij}\sin^2\frac{\eta}{2} + \varepsilon_{ij3}\sin\eta\right) y \\ &\quad + \frac{1}{2}\frac{\partial W}{\partial \eta}\eta^2 + \frac{\partial W}{\partial y}\eta\, y + \frac{1}{2}\left(\varkappa_0 + \frac{\partial V}{\partial y}\right) y^2\,. \end{aligned} \tag{115}$$

Für $\varphi = 0$ reduziert sich (115) auf

$$H(\eta, y; 0, 0) = 2 \{\varkappa_0 a_i r_i(0) - [M z_2'(0) + m r_2(0)] g\} \sin^2 \frac{\eta}{2} - \varkappa_0 h_i r_j(0) \left(2 \delta_{ij} \sin^2 \frac{\eta}{2} + \varepsilon_{ij3} \sin \eta\right) y + \frac{1}{2} \frac{\partial W}{\partial \eta} \eta^2 + \frac{\partial W}{\partial y} \eta y + \frac{1}{2} \left(\varkappa_0 + \frac{\partial V}{\partial y}\right) y^2 . \quad (116)$$

2.4.2. Untersuchung der Stabilität

Das Potential (107) ist mit den Eigenschaften

$$H(0, 0; 0, 0) = 0$$

und

$$\frac{\partial H(0,0; 0,0)}{\partial \eta} = 0 , \qquad \frac{\partial H(0,0; 0,0)}{\partial y} = 0 \quad (117)$$

versehen. Die beiden letzten Gleichungen sind für das Extremum des Potentials H im „Punkte“ (0,0; 0,0) notwendig.

Die zweiten Ableitungen von H, also

$$\frac{\partial^2 H(0,0; 0,0)}{\partial \eta^2} = \varkappa_0 a_i r_i(0) - [M z_2'(0) + m r_2(0)] g + \frac{\partial W}{\partial \eta} ,$$

$$\frac{\partial^2 H(0,0; 0,0)}{\partial y^2} = \varkappa_0 + \frac{\partial V}{\partial y} > 0$$

und

$$\frac{\partial^2 H(0,0; 0,0)}{\partial \eta \, \partial y} = - \varkappa_0 \varepsilon_{ij3} h_i r_j(0) + \frac{\partial W}{\partial y} \quad (118)$$

werden für die Diskriminante

$$D = \frac{\partial^2 H(0,0; 0,0)}{\partial \eta^2} \cdot \frac{\partial^2 H(0,0; 0,0)}{\partial y^2} - \left[\frac{\partial^2 H(0,0; 0,0)}{\partial \eta \, \partial y}\right]^2$$

benötigt. Es ergibt sich

$$D = \left\{\varkappa_0 a_i r_i(0) - [M z_2'(0) + m r_2(0)] g + \frac{\partial W}{\partial \eta}\right\} \left(\varkappa_0 + \frac{\partial V}{\partial y}\right) - \left[\varkappa_0 \varepsilon_{ij3} h_i r_j(0) - \frac{\partial W}{\partial y}\right]^2 . \quad (119)$$

Für die Existenz eines Minimums von H im „Punkte“ (0,0; 0,0) ist

$$\frac{\partial^2 H(0,0; 0,0)}{\partial \eta^2} > 0 , \quad \frac{\partial^2 H(0,0; 0,0)}{\partial y^2} > 0 , \quad D > 0$$

hinreichend. Wegen $\frac{\partial^2 H(0,0; 0,0)}{\partial y^2} > 0$ genügt es schon, die Bedingung $D > 0$ u erfüllen, die $\frac{\partial^2 H(0,0; 0,0)}{\partial \eta^2} > 0$ zur Folge hat.

Nach dem DIRICHLETschen Stabilitätssatz ist die Gleichgewichtslage eines konservativen skleronomen Systems asymptotisch stabil, wenn die potentielle Energie existiert und in der Gleichgewichtslage ein Minimum besitzt. Für die Stabilität der Gleichgewichtslage des Gehänges $\mathfrak{G}$ im Fall $\vartheta = 0$, $\varphi = 0$ ist also

$$D > 0 \tag{120}$$

hinreichend. Die vorhandene Dämpfungskraft wirkt zusätzlich stabilisierend.

2.4.3. Die Temperaturabhängigkeit

Die Gleichgewichtslage von $\mathfrak{G}$ ändert sich möglicherweise mit Temperaturschwankungen. Im folgenden wollen wir wieder $\varphi = 0$ und, ausgehend von den Gleichungen (108) und (109),

$$\varkappa(\vartheta) = \varkappa_0 + \frac{d\varkappa}{d\vartheta}\,\vartheta\,, \quad \frac{d\varkappa}{d\vartheta} = \text{const}\,, \tag{121}$$

annehmen. Die Temperaturabhängigkeit von $r_i[\vartheta]$, $z_i'[\vartheta]$ und $a_i[\vartheta]$ soll durch die einfachste Annahme

$$\frac{1}{r_i[0]}\,\frac{dr_i[0]}{d\vartheta} = \frac{1}{z_i'[0]}\,\frac{dz_i'[0]}{d\vartheta} = \frac{1}{a_i[0]}\,\frac{da_i[0]}{d\vartheta} = \alpha \tag{122}$$

(nicht summieren über i!) berücksichtigt werden. Man geht dabei von der Vorstellung aus, daß für das Gehänge und das Gestell das gleiche Material verwendet wird. Somit ergibt sich

$$\left.\begin{aligned} \frac{\partial^2 H(0,0;\,0,0)}{\partial\eta\,\partial\vartheta} &= \varkappa_0\left(\frac{1}{\varkappa_0}\,\frac{d\varkappa}{d\vartheta} + \alpha\right)\varepsilon_{ij3}\,a_i[0]\,r_j[0]\,,\\ \frac{\partial^2 H(0,0;\,0,0)}{\partial y\,\partial\vartheta} &= \varkappa_0\left(\frac{1}{\varkappa_0}\,\frac{d\varkappa}{d\vartheta} + \alpha\right)\{r_i[0] - a_i[0]\}\,h_i\,. \end{aligned}\right\} \tag{123}$$

Führt man die Funktionen $\bar{\eta}(\vartheta)$ und $\bar{y}(\vartheta)$ ein, die für $\vartheta = \text{const}$ eine bestimmte stabile Gleichgewichtslage anzeigen, so muß

$$\frac{\partial H\big(\bar{\eta}(\vartheta), \bar{y}(\vartheta);\, \vartheta, 0\big)}{\partial\eta} = 0\,, \quad \frac{\partial H\big(\bar{\eta}(\vartheta), \bar{y}(\vartheta);\, \vartheta, 0\big)}{\partial y} = 0 \tag{124}$$

gelten. Bei hinreichend kleinen Beträgen von ϑ kann man die linken Seiten dieser beiden Gleichungen nach den Argumenten $\bar{\eta}$, $\bar{y}$ und ϑ entwickeln und die Potenzreihen nach den linearen Gliedern abbrechen. Aus dem linearen Gleichungssystem

$$\left.\begin{aligned} \frac{\partial^2 H(0,0;\,0,0)}{\partial\eta^2}\,\bar{\eta}(\vartheta) + \frac{\partial^2 H(0,0;\,0,0)}{\partial\eta\,\partial y}\,\bar{y}(\vartheta) + \frac{\partial^2 H(0,0;\,0,0)}{\partial\eta\,\partial\vartheta}\,\vartheta &= 0\,,\\ \frac{\partial^2 H(0,0;\,0,0)}{\partial y\,\partial\eta}\,\bar{\eta}(\vartheta) + \frac{\partial^2 H(0,0;\,0,0)}{\partial y^2}\,\bar{y}(\vartheta) + \frac{\partial^2 H(0,0;\,0,0)}{\partial y\,\partial\vartheta}\,\vartheta &= 0 \end{aligned}\right\} \tag{125}$$

lassen sich $\bar{\eta}$ und $\bar{y}$ als lineare Funktionen von ϑ bestimmen. Die Koeffizientendeterminante stimmt mit der positiven Diskriminante D überein. Die Auflösung nach der KRAMERschen Regel ergibt

$$\left.\begin{aligned}\bar{\eta}(\vartheta) &= -\frac{1}{D}\,\varkappa_0\left(\frac{1}{\varkappa_0}\frac{d\varkappa}{d\vartheta}+\alpha\right)\Big\{[\varepsilon_{ij3}\,a_i\,r_j(0)]\left(\varkappa_0+\frac{\partial V}{\partial y}\right)\\ &\quad-\left[\varkappa_0\,\varepsilon_{ij3}\,r_i(0)\,h_j+\frac{\partial W}{\partial y}\right][r_i(0)-a_i]\,h_i\Big\}\,\vartheta\,,\\ \bar{y}(\vartheta) &= -\frac{1}{D}\,\varkappa_0\left(\frac{1}{\varkappa_0}\frac{d\varkappa}{d\vartheta}+\alpha\right)\Big\{\left(\varkappa_0\,a_i\,r_i(0)-[M\,z_2'(0)+m\,r_2(0)]\,g+\frac{\partial W}{\partial\eta}\right)\\ &\quad\times[r_i(0)-a_i]\,h_i-\varepsilon_{ij3}\,a_i\,r_j(0)\left[\varkappa_0\,\varepsilon_{ij3}\,r_i(0)\,h_j+\frac{\partial W}{\partial y}\right]\Big\}\,\vartheta\,.\end{aligned}\right\}\qquad(126)$$

Bei VSJ-I mußte für das Material der Schraubenfeder eine Speziallegierung, nämlich Nispan C, verwendet werden, um den Temperatureinfluß auf die Gleichgewichtslage in zulässigen Grenzen zu halten (s. Abschnitt 3.4.1.).

2.5. Die Neigung der Blattfedern

Von entscheidender Bedeutung für die Funktionstüchtigkeit des Vertikalseismographen ist die Beschaffenheit des die exakte Drehachse ersetzenden elastischen Bindegliedes zwischen dem starren Gehängeteil $\mathfrak{G}'$ und dem Gestell des Empfängers. Bei VSJ-I wird diese Bindung durch ein auf Zug beanspruchtes Blattfedergelenk realisiert, das die optimale Lösung des Problems zu sein scheint. Die undeformierten Blattfedern werden nur auf Zug beansprucht, wenn ihre geradlinigen neutralen Fasern parallel zu der im Punkt Y angetragenen Kraft mit den $\mathfrak{S}$-Koordinaten Y_i^0 verlaufen. Demnach müssen die betreffenden neutralen Fasern in der Gleichgewichtslage von $\mathfrak{G}$ mit der Geraden, deren Richtung durch h_i angezeigt wird, einen rechten Winkel einschließen.

Der Neigungswinkel ν der undeformierten Blattfedern wird durch

$$\cos\nu = h_2 \qquad \text{und} \qquad \sin\nu = -h_1 \qquad (127)$$

definiert. Einerseits gilt (96), andererseits nach (86)

$$Y_i^0 = (M+m)\,g\,\delta_{2i} + \varkappa_0[r_i(0)-a_i]\,,$$

so daß ν mit der Konstruktion von $\mathfrak{G}$ eindeutig bestimmt ist.

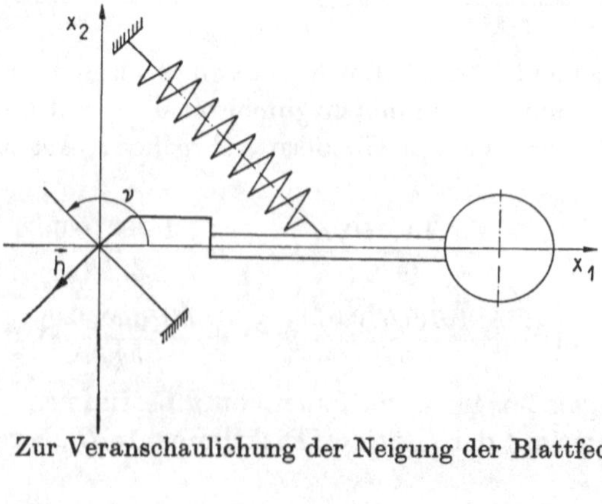

Abb. 5. Zur Veranschaulichung der Neigung der Blattfeder(n)

Als wichtiger Sonderfall sei hervorgehoben

$$\left.\begin{aligned} r_1(0) = a_1 > 0 \to \nu &= \frac{\pi}{2} \quad \text{für} \quad z_1'(0) > r_1(0)\,, \\ \nu &= -\frac{\pi}{2} \quad \text{für} \quad z_1'(0) < r_1(0)\,. \end{aligned}\right\} \tag{128}$$

Bei VSJ-I ergibt sich $\nu \approx 156°$ (s. Abschn. 3.7.).

2.6. Die Bewegungsgleichungen

Die Formulierung der Bewegungsgleichungen wird übersichtlicher, wenn man die generalisierten Koordinaten η, y von $\mathfrak{G}$ folgendermaßen umbenennt:

$$q^1 \equiv \eta\,, \quad q^2 \equiv y\,. \tag{129}$$

Die Koordinatentransformation (64) lautet damit ausführlich

$$\bar{x}_i = \bar{x}_i(q^1, q^2, t) = c_{ij}[\varphi(t)]\, x_j(q^1, q^2) + \xi_i(t)\,. \tag{130}$$

Zur Erfassung der Dämpfung dient die Dissipationsfunktion

$$F = \frac{1}{2}\,\varrho\, f_i\, f_j\, (n_{i,1}\,\delta_{1\alpha} + h_i\,\delta_{2\alpha})\,(n_{j,1}\,\delta_{1\beta} + h_j\,\delta_{2\beta})\,\dot{q}^\alpha\,\dot{q}^\beta\,, \quad F \geqq 0\,. \tag{131}$$

Wegen (74) erhält man

$$\frac{\partial F}{\partial \dot{q}^\alpha} = N_i(n_{i,1}\,\delta_{1\alpha} + h_i\,\delta_{2\alpha})\,. \tag{132}$$

Aus der Definition des Potentials $H = H(q^1, q^2; \vartheta, \varphi)$ und den Gleichungen (77), (104) und (105) folgt nun

$$\sum_{P\in\mathfrak{G}} X_i\, x_{i,\alpha} = \sum_{P\in\mathfrak{G}} \mu\, \ddot{\bar{x}}_i\, c_{ij}\, x_{j,\alpha} = -\,H_{,\alpha} - \frac{\partial F}{\partial \dot{q}^\alpha}\,. \tag{133}$$

Die kinetische Energie $\overline{E}$ von $\mathfrak{G}$ in bezug auf $\overline{\mathfrak{S}}$ wird durch

$$\overline{E} = \frac{1}{2} \sum_{P\in\mathfrak{G}} \mu\, \dot{\bar{x}}_i\, \dot{\bar{x}}_i \tag{134}$$

ausgedrückt. Es ist vorteilhaft, $\overline{E}$ mittels (130) in der Form

$$\overline{E} = \sum_{P\in\mathfrak{G}} \mu\, \dot{\bar{x}}_i\, \dot{\xi}_i + \frac{1}{2} \sum_{P\in\mathfrak{G}} \mu\, (\dot{\bar{x}}_i - \dot{\xi}_i)\, (\dot{\bar{x}}_i - \dot{\xi}_i) - \frac{1}{2}\,(M + m_*)\, \dot{\xi}_i\, \dot{\xi}_i \tag{135}$$

darzustellen. Die Anwendung der LAGRANGEschen Differentialoperatoren $\mathfrak{L}_\alpha = \frac{d}{dt}\frac{\partial}{\partial \dot{q}^\alpha} - \frac{\partial}{\partial q^\alpha}$ auf $\overline{E}$ liefert unter Beachtung von (130) und (135)

$$\mathfrak{L}_\alpha\, \overline{E} = \mathfrak{L}_\alpha \sum_{P\in\mathfrak{G}} \mu\, \dot{\bar{x}}_i\, \dot{\xi}_i + \frac{1}{2}\, \mathfrak{L}_\alpha \sum_{P\in\mathfrak{G}} \mu \left(\frac{d}{dt}\, c_{ij}\, x_j\right) \left(\frac{d}{dt}\, c_{ik}\, x_k\right) \tag{136}$$

mit

$$\mathfrak{L}_\alpha \sum_{P\in\mathfrak{G}} \mu\, \dot{\bar{x}}_i\, \dot{\xi}_i = \mathfrak{L}_\alpha \sum_{P\in\mathfrak{G}} \mu\, (c_{ij}\, \dot{x}_j + \dot{c}_{ij}\, x_j)\, \dot{\xi}_i\,. \tag{137}$$

Per definitionem gilt $(M + m_*)\, s_i = \sum\limits_{P\in\mathfrak{G}} \mu\, x_i$, so daß (137) folgendermaßen umgeformt werden kann:

$$\begin{aligned}
\mathfrak{L}_\alpha \sum_{P\in\mathfrak{G}} \mu\,(c_{ij}\,\dot{x}_j + \dot{c}_{ij}\,x_j)\,\dot{\xi}_i &= (M + m_*)\,\mathfrak{L}_\alpha\,(\dot{\xi}_i\,c_{ij}\,s_{j,\gamma}\,\dot{q}^\gamma) - (M + m_*)\,\dot{\xi}_i\,\dot{c}_{ij}\,s_{j,\alpha} \\
&= (M + m_*)\left[\frac{d}{dt}(\dot{\xi}_i\,c_{ij})\right] s_{j,\alpha} + (M + m_*)\,\dot{\xi}_i\,c_{ij}\,s_{j,\alpha,\gamma}\,\dot{q}^\gamma \\
&\quad - (M + m_*)\,\dot{\xi}_i\,c_{ij}\,s_{j,\gamma,\alpha}\,\dot{q}^\gamma - (M + m_*)\,\dot{\xi}_i\,\dot{c}_{ij}\,s_{j,\alpha} \\
&= (M + m_*)\,\ddot{\xi}_i\,c_{ij}\,s_{j,\alpha} + (M + m_*)\,\dot{\xi}_i\,\dot{c}_{ij}\,s_{j,\alpha} \\
&\quad - (M + m_*)\,\dot{\xi}_i\,\dot{c}_{ij}\,s_{j,\alpha}\,,
\end{aligned}$$

also

$$\mathfrak{L}_\alpha \sum_{P\in\mathfrak{G}} \mu\,\dot{\bar{x}}_i\,\dot{\xi}_i = (M + m_*)\,\ddot{\xi}_i\,c_{ij}\,s_{j,\alpha} = (M + m_*)\,(\ddot{\xi}_j - \varepsilon_{ijk}\,e_k\,\ddot{\xi}_i\,\varphi)\,s_{j,\alpha}\,. \tag{138}$$

Setzt man in

$$\left(\frac{d}{dt}\,c_{ij}\,x_j\right)\left(\frac{d}{dt}\,c_{ik}\,x_k\right) = \dot{x}_i\,\dot{x}_i + 2\,\dot{c}_{ij}\,c_{ik}\,x_j\,\dot{x}_k + \dot{c}_{ij}\,\dot{c}_{ik}\,x_j\,x_k$$

die Ausdrücke in (21) und (22) ein, so ergibt sich

$$\begin{aligned}
\frac{1}{2}\sum_{P\in\mathfrak{G}} \mu\left(\frac{d}{dt}\,c_{ij}\,x_j\right)\left(\frac{d}{dt}\,c_{ik}\,x_k\right) &= \frac{1}{2}\sum_{P\in\mathfrak{G}} \mu\,\dot{x}_i\,\dot{x}_i + \dot{\varphi}\sum_{P\in\mathfrak{G}} \mu\,\varepsilon_{ijk}\,e_i\,x_j\,\dot{x}_k \\
&\quad + \frac{1}{2}\,\dot{\varphi}^2 \sum_{P\in\mathfrak{G}} \mu\,(x_i\,x_i\,\delta_{jk} - x_j\,x_k)\,e_j\,e_k\,.
\end{aligned} \tag{139}$$

Wir führen jetzt die kinetische Energie von $\mathfrak{G}$ in bezug auf $\mathfrak{S}$, d. h. also

$$E = \frac{1}{2}\sum_{P\in\mathfrak{G}} \mu\,\dot{x}_i\,\dot{x}_i\,, \tag{140}$$

weiterhin die $\mathfrak{S}$-Koordinaten des Drehimpulses von $\mathfrak{G}$ in bezug auf O, d. h.

$$L_i = \sum_{P\in\mathfrak{G}} \mu\,\varepsilon_{ijk}\,x_j\,\dot{x}_k \tag{141}$$

und die $\mathfrak{S}$-Koordinaten des auf O bezogenen Trägheitstensors von $\mathfrak{G}$, also

$$I_{jk} = \sum_{P\in\mathfrak{G}} \mu(x_i\,x_i\,\delta_{jk} - x_j\,x_k) \tag{142}$$

ein. Damit schreibt sich (139)

$$\frac{1}{2}\sum_{P\in\mathfrak{G}} \mu\left(\frac{d}{dt}\,c_{ij}\,x_j\right)\left(\frac{d}{dt}\,c_{ik}\,x_k\right) = E + \dot{\varphi}\,e_i\,L_i + \frac{1}{2}\,\dot{\varphi}^2\,e_j\,e_k\,I_{jk}\,. \tag{143}$$

Die kinetische Energie E läßt sich durch den symmetrischen Energietensor

$$g_{\alpha\beta} = \sum_{P\in\mathfrak{G}} \mu\,x_{i,\alpha}\,x_{i,\beta}\,,\quad g_{\alpha\beta} = g_{\beta\alpha}\,, \tag{144}$$

ausdrücken. Wegen (140) bekommt man

$$E = \frac{1}{2}\,g_{\alpha\beta}\,\dot{q}^\alpha\,\dot{q}^\beta\,, \tag{145}$$

und demnach

$$\mathfrak{L}_\alpha E = \frac{d}{dt}(g_{\alpha\beta}\,\dot{q}^\beta) - \frac{1}{2}\,g_{\beta\gamma,\alpha}\,\dot{q}^\beta\,\dot{q}^\gamma\,. \tag{146}$$

Diese Gleichung läßt sich unter Verwendung der CHRISTOFFELschen Symbole erster Art

$$\Gamma_{\alpha\beta\gamma} = \frac{1}{2}(g_{\alpha\beta,\gamma} + g_{\gamma\alpha,\beta} - g_{\beta\gamma,\alpha}) \tag{147}$$

übersichtlicher schreiben, nämlich

$$\mathfrak{L}_\alpha E = g_{\alpha\beta}\,\ddot{q}^\beta + \Gamma_{\alpha\beta\gamma}\,\dot{q}^\beta\,\dot{q}^\gamma\,. \tag{148}$$

Die Annahme

$$I_{13} = I_{23} = 0 \tag{149}$$

besagt, daß beide Teile des Gehänges $\mathfrak{G}$, die durch die (1,2)-Ebene getrennt werden, massengeometrisch äquivalent sind, d. h., jedem Massenpunkt von $\mathfrak{G}$ auf der einen Seite der (1,2)-Ebene soll spiegelbildlich einer auf der anderen Seite mit dem gleichen Massenelement μ zugeordnet sein. Auf Grund von (49) gilt

$$e_i\,L_i = e_i \sum_{P\in\mathfrak{G}} \mu\,\varepsilon_{ijk}\,x_j\,\dot{x}_k = e_3\,L_3\,, \tag{150}$$

also

$$\mathfrak{L}_\alpha(\dot{\varphi}\,e_i\,L_i) = \frac{d}{dt}\left(\dot{\varphi}\,e_3\,\frac{\partial L_3}{\partial\dot{q}^\alpha}\right) - \dot{\varphi}\,e_3\,L_{3,\alpha} = \ddot{\varphi}\,e_3\,\frac{\partial L_3}{\partial\dot{q}^\alpha} + \dot{\varphi}\,e_3\left(\frac{\partial L_{3,\beta}}{\partial\dot{q}^\alpha} - \frac{\partial L_{3,\alpha}}{\partial\dot{q}^\beta}\right)\dot{q}^\beta\,, \tag{151}$$

$$\mathfrak{L}_\alpha\left(\frac{1}{2}\,\dot{\varphi}^2\,e_j\,e_k\cdot I_{jk}\right) = -\frac{1}{2}\,\dot{\varphi}^2\,(e_j\,e_k\,I_{jk})_{,\alpha} = -\frac{1}{2}\,\dot{\varphi}^2\,(e_1^2\,I_{11,\alpha} + e_3^2\,I_{33,\alpha})\,. \tag{152}$$

Zusammenfassend erhält man die Bewegungsgleichungen

$$\mathfrak{L}_\alpha\,\overline{E} = -H_{,\alpha} - \frac{\partial F}{\partial\dot{q}^\alpha} \tag{153}$$

mit

$$\mathfrak{L}_\alpha\,\overline{E} = g_{\alpha\beta}\,\ddot{q}^\beta + \Gamma_{\alpha\beta\gamma}\,\dot{q}^\beta\,\dot{q}^\gamma + \ddot{\varphi}\,e_3\,\frac{\partial L_3}{\partial\dot{q}^\alpha} - \frac{1}{2}\,\dot{\varphi}^2\,(e_1^2\,I_{11,\alpha} + e_3^2\,I_{33,\alpha})$$
$$+ \dot{\varphi}\,e_3\left(\frac{\partial L_{3,\beta}}{\partial\dot{q}^\alpha} - \frac{\partial L_{3,\alpha}}{\partial\dot{q}^\beta}\right)\dot{q}^\beta + (M + m_*)\,(\ddot{\xi}_j - \varepsilon_{ijk}\,e_k\,\ddot{\xi}_i\,\varphi)\,s_{j,\alpha}\,. \tag{154}$$

Der vollständige Ausdruck für $H(q^1, q^2; 0, \varphi)$ sei nochmals angegeben:

$$H(q^1, q^2; 0, \varphi) = 2\,\{\varkappa_0\,a_i\,r_i(0) - [M\,z_2'(0) + m\,r_2(0)]\,g\}\sin^2\frac{q^1}{2} + \{[M\,z_1'(0) + m\,r_1(0)]$$
$$\cos q^1 + (M+m)\,h_1 q^2\}\times g\,e_3\,\varphi - \varkappa_0\,h_i\,r_j(0)\,(2\,\delta_{ij}\sin^2\frac{q^1}{2}$$
$$+ \varepsilon_{ij3}\sin q^1)\,q^2 + \frac{1}{2}\,W_{,1}(q^1)^2 + W_{,2}\,q^1\,q^2 + \frac{1}{2}(\varkappa_0 + V_{,2})\,(q^2)^2\,.$$

Im folgenden wollen wir nur rein translatorische Bewegungen des Gestells relativ zu $\overline{\mathfrak{S}}$ im Zeitintervall τ voraussetzen, also $\varphi(t) \equiv 0$ für $t \in \tau$ annehmen, was die Bedingung impliziert, daß der Seismograph hinreichend weit vom Epizentrum des in Betracht kommenden Erdbebens entfernt ist. Die Bewegungsgleichungen (153), (154) vereinfachen sich dann zu

$$\left.\begin{aligned} &g_{\alpha\beta}\,\ddot{q}^\beta + \Gamma_{\alpha\beta\gamma}\,\dot{q}^\beta\,\dot{q}^\gamma + (M + m_*)\,\xi_j\,s_{j,\alpha} + H_{,\alpha} + \frac{\partial F}{\partial \dot{q}^\alpha} = 0\,,\\ &H = H(q^1, q^2; 0, 0)\,. \end{aligned}\right\} \tag{155}$$

Eine Diskussion der vollständigen Bewegungsgleichungen (153), (154) muß einer späteren Untersuchung vorbehalten bleiben.

2.7. Der Energietensor $g_{\alpha\beta}$

Für die Analyse der Bewegungsgleichungen (155) ist es notwendig, den Energietensor (144) explizite anzugeben. Wir spalten ihn in einen Anteil $g'_{\alpha\beta}$ für den starren Gehängeteil $\mathfrak{G}'$ und einen Anteil $g''_{\alpha\beta}$ für die Schraubenfeder $\mathfrak{G}''$ auf:

$$g'_{\alpha\beta} = \sum_{P\in\mathfrak{G}'} \mu\, x_{i,\alpha}\, x_{i,\beta}\,, \quad g''_{\alpha\beta} = \sum_{P\in\mathfrak{G}''} \mu\, x_{i,\alpha}\, x_{i,\beta}\,. \tag{156}$$

Im Hinblick auf (23) gilt

$$g_{\alpha\beta} = g'_{\alpha\beta} + g''_{\alpha\beta}\,. \tag{157}$$

Die Berechnung von $g'_{\alpha\beta}$ ist sehr einfach. Den Formeln (27), (30) und (94) entnimmt man

$$x_{i,\alpha} = \delta_{\alpha 2}\, h_i - \delta_{\alpha 1}\, \varepsilon_{ij3}\, z_j \qquad \text{für} \qquad P \in \mathfrak{G}'\,,$$

also

$$x_{i,\alpha}\, x_{i,\beta} = \delta_{\alpha 2}\,\delta_{\beta 2} - (\delta_{\alpha 1}\,\delta_{\beta 2} + \delta_{\alpha 2}\,\delta_{\beta 1})\,\varepsilon_{ij3}\,h_i\,z_j + \delta_{\alpha 1}\,\delta_{\beta 1}\,(z_1^2 + z_2^2) \quad (P \in \mathfrak{G}')\,. \tag{158}$$

Es ist nun zweckmäßig, den Trägheitsradius z von $\mathfrak{G}'$ einzuführen, per definitionem gilt

$$M\, z^2 = \sum_{P\in\mathfrak{G}'} \mu\,(z_1^2 + z_2^2) \tag{159}$$

und

$$\sum_{P\in\mathfrak{G}'} \mu\, z_j = M\, z'_j\,. \tag{160}$$

Die Zusammenfassung von (156), (158), (159) und (160) liefert schließlich

$$g'_{\alpha\beta} = \delta_{\alpha 1}\,\delta_{\beta 1}\,M\,z^2 - (\delta_{\alpha 1}\,\delta_{\beta 2} + \delta_{\alpha 2}\,\delta_{\beta 1})\,M\,\varepsilon_{ij3}\,h_i\,z'_j + \delta_{\alpha 2}\,\delta_{\beta 2}\,M\,. \tag{161}$$

Demgegenüber ist die Bestimmung des von der Schraubenfeder $\mathfrak{G}''$ herrührenden Anteils $g''_{\alpha\beta}$ komplizierter. Unter Verwendung des die Richtung der Federachse anzeigenden Einheitsvektors

$$j_i = \frac{h_i\,q^2 + r_i - a_i}{L}\,, \quad j_i\,j_i = 1\,, \quad j_3 = 0\,, \tag{162}$$

nimmt (41) die Gestalt

$$x_i = a_i + x\,j_i - x_*\,\varepsilon_{ik3}\,j_k + \delta_{i3}\,x_3 \quad (P \in \mathfrak{G}'') \tag{163}$$

an. Da nach (43) x_* konstant ist, bekommt man

$$x_{i,\alpha} = x_{,\alpha}\, j_i + x\, j_{i,\alpha} - x_*\, \varepsilon_{ik3}\, j_{k,\alpha} \quad \text{für} \quad P \in \mathfrak{G}'' . \tag{164}$$

Aus der Annahme, daß die Achse der Schraubenfeder $\mathfrak{G}''$ eine Hauptträgheitsachse ist, folgt

$$\sum_{P\in\mathfrak{G}''} \mu\, x_*\, x = 0 , \tag{165}$$

und wegen $j_i\, j_{i,\alpha} = 0$ ergibt sich

$$g''_{\alpha\beta} = \sum_{P\in\mathfrak{G}''} x_{i,\alpha}\, x_{i,\beta} = \sum_{P\in\mathfrak{G}''} \mu\, [x_{,\alpha}\, x_{,\beta} + (x^2 + x_*^2)\, j_{k,\alpha}\, j_{k,\beta}] . \tag{166}$$

Mittels (39) bildet man

$$\mu\, x_{,\alpha}\, x_{,\beta} = \mu \left(\frac{x_0 - l_A}{\Lambda_0}\right)^2 L_{,\alpha}\, L_{,\beta} . \tag{167}$$

Bei der Anwendung des Summenoperators $\sum\limits_{P\in\mathfrak{G}''}$ auf diesen Term ist zu beachten, daß x_0 zwischen l_A und $L_0 - l_R$ variiert und mit hinreichender Genauigkeit die Proportion

$$\mu : m_* = dx_0 : \Lambda_0 \tag{168}$$

gilt, wonach die Masse von $\mathfrak{G}''$ längs der Federachse gleichmäßig verteilt ist, so daß man statt der Summation eine Integration vornehmen kann:

$$\sum_{P\in\mathfrak{G}''} \mu \left(\frac{x_0 - l_A}{\Lambda_0}\right)^2 = \frac{m_*}{(\Lambda_0)^3} \int\limits_{l_A}^{L_0 - l_R} (\xi - l_A)^2\, d\xi = \frac{m_*}{3} . \tag{169}$$

Analog hierzu berechnet sich die Summe $\sum\limits_{P\in\mathfrak{G}''} \mu\, x^2$ mit $l_A \leqq x \leqq L - l_R$:

$$\sum_{P\in\mathfrak{G}''} \mu\, x^2 = \frac{m_*}{\Lambda} \int\limits_{l_A}^{L - l_R} x^2\, dx = \frac{m_*}{3}\, \frac{(L - l_R)^3 - l_A^3}{(L - l_R) - l_A}$$

$$= \frac{m_*}{3} [(L - l_R)^2 + (L - l_R)\, l_A + l_A^2] . \tag{170}$$

Zur Berechnung von $\sum\limits_{P\in\mathfrak{G}''} \mu\, x_*^2$ wird der Trägheitsradius e eingeführt, der dadurch definiert ist, daß $m_*\, e^2$ das Trägheitsmoment von $\mathfrak{G}''$ in bezug auf die Achse der Schraubenfeder $\mathfrak{G}''$ darstellt. Die Annahme

$$\sum_{P\in\mathfrak{G}''} \mu\, x_*^2 = \sum_{P\in\mathfrak{G}''} \mu\, x_3^2 \tag{171}$$

besagt, daß das planare Trägheitsmoment von $\mathfrak{G}''$ in bezug auf jede Ebene durch die Schraubenfederachse das gleiche ist. Wegen

$$m_*\, e^2 = \sum_{P\in\mathfrak{G}''} \mu (x_*^2 + x_3^2) \tag{172}$$

bekommt man für die gesuchte Summe

$$\sum_{P\in\mathfrak{G}''} \mu\, x_*^2 = \frac{1}{2} \sum_{P\in\mathfrak{G}''} \mu\, (x_*^2 + x_3^2) = \frac{1}{2}\, m_*\, e^2 . \tag{173}$$

Zur Abschätzung des Trägheitsradius e verhilft folgende Überlegung: Mit $\frac{1}{2}\, D_F$ wird der Radius von $\mathfrak{G}''$, d. h. der konstante Abstand der neutralen Faser des Federdrahtes von der Federachse AR, und mit I das Trägheitsmoment des „ausgezogenen“ Federdrahtes in bezug auf die Drahtachse bezeichnet. Man denkt sich nun den zylindrischen Federdraht parallel zur Achse AR im Abstand $D_F/2$ angebracht und erhält so nach dem STEINERschen Satz (vgl. Abb. 6):

$$m_* e^2 = \frac{1}{4} m_* D_F^2 + I , \tag{174}$$

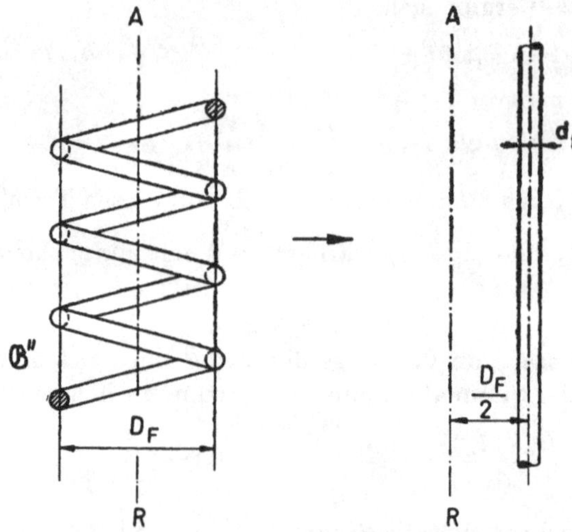

Abb. 6. Zur Berechnung des Trägheitsradius e

also, wenn der Querschnitt des ausgezogenen Federdrahtes ein Kreis mit dem Durchmesser d_F ist,

$$m_* e^2 = \frac{1}{4} m_* D_F^2 + \frac{1}{8} m_* d_F^2 = \frac{1}{4} m_* \left(D_F^2 + \frac{1}{2} d_F^2\right)$$

und damit

$$e^2 = \frac{1}{4} \left(D_F^2 + \frac{1}{2} d_F^2\right). \tag{175}$$

Es können auch andere Abschätzungen von e vorgenommen werden: Wenn man die Schraubenfeder $\mathfrak{G}''$ als Hohlzylinder betrachtet, ergibt sich mit $\frac{1}{4} (D_F^2 + d_F^2)$ ein zu großer Wert für e^2. Bei der Zusammensetzung von $\mathfrak{G}''$ aus Elementarzylindern mit dem Durchmesser d_F erhält man für e^2 den offensichtlich zu kleinen Wert $\frac{1}{4} \left(D_F^2 + \frac{1}{4} d_F^2\right)$. Die Näherung (175) liegt genau in der Mitte dieser beiden Schranken für e^2.

Die Zusammenfassung von (166), (167), (169), (170) und (173) ergibt

$$\frac{3}{m_*} g''_{\alpha\beta} = L_{,\alpha} L_{,\beta} + \left[(L - l_R)^2 + (L - l_R) l_A + l_A^2 + \frac{3}{2} e^2\right] j_{k,\alpha} j_{k,\beta} . \tag{176}$$

Aus (162) folgt

$$L_{,\alpha} j_i + j_{i,\alpha} L = \delta_{\alpha 2} h_i + r_{i,\alpha}$$

und hieraus

$$j_{i,\alpha}\, j_{i,\beta} = \frac{1}{L^2}\left[(\delta_{\alpha 2}\, h_i + r_{i,\alpha})(\delta_{\beta 2}\, h_i + r_{i,\beta}) - L_{,\alpha}\, L_{,\beta}\right]$$

oder wegen $r_{i,\alpha} = -\varepsilon_{ij3}\, r_j\, \delta_{\alpha 1}$

$$j_{i,\alpha}\, j_{i,\beta} = \frac{1}{L^2}\left[\delta_{\alpha 1}\,\delta_{\beta 1}\, r_i\, r_i - (\delta_{\alpha 1}\,\delta_{\beta 2} + \delta_{\alpha 2}\,\delta_{\beta 1})\,\varepsilon_{ij3}\, h_i\, r_j + \delta_{\alpha 2}\,\delta_{\beta 2} - L_{,\alpha}\, L_{,\beta}\right]. \tag{177}$$

Das Produkt $r_i\, r_i$ ist das Quadrat des konstanten Abstands r der Punkte Y und R:

$$r^2 = r_i\, r_i\,.$$

Es empfiehlt sich, die Funktion

$$\begin{aligned}\chi = \chi(L) &= \frac{L^2 - (L - l_R)^2 - (L - l_R)\, l_A - l_A^2 - \frac{3}{2}\, e^2}{L^2}\\ &= 1 - \left[\left(1 - \frac{l_R}{L}\right)^2 + \left(1 - \frac{l_R}{L}\right)\frac{l_A}{L} + \left(\frac{l_A}{L}\right)^2 + \frac{3}{2}\left(\frac{e}{L}\right)^2\right]\end{aligned} \tag{178}$$

einzuführen. Damit erhält man für $g''_{\alpha\beta}$ im Hinblick auf (176) und (177) den Ausdruck

$$\frac{3}{m_*}\, g''_{\alpha\beta} = (1 - \chi)\left[\delta_{\alpha 1}\,\delta_{\beta 1}\, r^2 - (\delta_{\alpha 1}\,\delta_{\beta 2} + \delta_{\alpha 2}\,\delta_{\beta 1})\,\varepsilon_{ij3}\, h_i\, r_j + \delta_{\alpha 2}\,\delta_{\beta 2}\right] + \chi\, L_{,\alpha}\, L_{,\beta}\,. \tag{179}$$

Im allgemeinen sind l_A, l_R und e wesentlich kleiner als L, so daß der Betrag von $\chi(L)$ in (178) klein gegen 1 ist. Die Entwicklung von $\chi(L)$ nach steigenden Potenzen von L liefert

$$\chi = \chi_0 - \frac{L_0(l_A - 2\, l_R) + 2\,(l_A - l_R)^2 + 2\, l_A\, l_R + 3\, e^2}{L_0^2}\left(1 - \frac{L}{L_0}\right) + \cdots \tag{180}$$

mit

$$\chi_0 = \chi(L_0) = -\frac{L_0(l_A - 2\, l_R) + (l_A - l_R)^2 + l_A\, l_R + \frac{3}{2}\, e^2}{L_0^2}\,. \tag{181}$$

Es reicht hin, χ durch χ_0 und $\chi\, L_{,\alpha}\, L_{,\beta}$ durch $\chi_0\, L^0_{,\alpha} L^0_{,\beta}$ mit

$$L^0_{,\alpha} = \frac{\partial L(0,0)}{\partial q^\alpha}$$

zu ersetzen. Offensichtlich bedeutet $\chi_0 = 0$

$$L_0\,(l_A - 2\, l_R) + (l_A - l_R)^2 + l_A\, l_R + \frac{3}{2}\, e^2 = 0\,.$$

Hieraus folgt im Spezialfall $l_A = l_R$ die Bedingung

$$l_A^2 - l_A\, L_0 + \frac{3}{2}\, e^2 = 0\,,$$

also

$$l_A = \frac{L_0}{2} (\mp) \sqrt{\frac{L_0^2}{4} - \frac{3}{2} e^2} \approx \frac{L_0}{2} \left[1 - \left(1 - 3 \frac{e^2}{L_0^2}\right)\right] = \frac{3}{2} \frac{e^2}{L_0}. \qquad (182)$$

Demnach müßten bei zweckmäßigen Abmessungen der Schraubenfeder $\mathfrak{G}''$ die Zusatzstücke sehr klein sein.

Bei VSJ-I ist $L_0 \approx 323$ mm, $l_A = l_R \approx 22{,}5$ mm, $e^2 \approx 843$ (mm)^2, und daraus ergibt sich $\chi_0 \approx 0{,}05$.

Man erhält also den Energietensor $g_{\alpha\beta}$ unter Verwendung von (157), (161) und (179) und mit Hilfe der angegebenen Näherungen in der Gestalt

$$\left.\begin{aligned} g_{11} &= M z^2 + \frac{1}{3} m_* \left[(1 - \chi_0) r^2 + \chi_0 (L^0_{,1})^2\right], \\ g_{12} &= \varepsilon_{ij3} \left\{M z_i' + \frac{1}{3} m_* \left[(1 - \chi_0) r_i + \chi_0 L^0_{,1} L^0_{,2} \varepsilon_{ik3} h_k\right]\right\} h_j, \\ g_{22} &= M + \frac{1}{3} m_* \left[1 - \chi_0 + \chi_0 (L^0_{,2})^2\right]. \end{aligned}\right\} \qquad (183)$$

Zur Berechnung der CHRISTOFFELschen Symbole (147) werden die Ableitungen

$$g_{\alpha\beta,\gamma} = (\delta_{\alpha 1} \delta_{\beta 2} + \delta_{\alpha 2} \delta_{\beta 1}) \delta_{\gamma 1} g_{12,1}$$

benötigt. Während g_{11} und g_{22} konstant sind, hängt g_{12} von q^1 ab. Man erhält also gemäß (147)

$$\Gamma_{\alpha\beta\gamma} = \delta_{\alpha 2} \delta_{\beta 1} \delta_{\gamma 1} g_{12,1}. \qquad (184)$$

In dieser Näherungsdarstellung von $\Gamma_{\alpha\beta\gamma}$ ist nur Γ_{211} von Null verschieden, so daß sich anstelle von q^1, q^2 kartesische Koordinaten einführen lassen, da die hierfür entscheidende Komponente R_{1212} des RIEMANNschen Krümmungstensors $R_{\alpha\beta\gamma\delta}$ identisch verschwindet [5]:

$$R_{1212} = \Gamma_{122,1} - \Gamma_{121,2} - g^{\alpha\beta} (\Gamma_{1\alpha 2} \Gamma_{\beta 21} - \Gamma_{1\alpha 1} \Gamma_{\beta 22}) = 0\,. \qquad (185)$$

Mit $g^{\alpha\beta}$ erscheinen die Komponenten des kontravarianten Energietensors; sie sind durch die Orthogonalitätsrelationen

$$g^{\alpha\beta} g_{\beta\gamma} = \delta^\alpha_\gamma \qquad (186)$$

definiert und ergeben sich im einzelnen zu

$$g^{11} = \frac{g_{22}}{\det(g_{\alpha\beta})}, \quad g^{12} = -\frac{g_{12}}{\det(g_{\alpha\beta})}, \quad g^{22} = \frac{g_{11}}{\det(g_{\alpha\beta})}.$$

Unter Berücksichtigung von (184) nehmen die Bewegungsgleichungen (155) die Form

$$\left.\begin{aligned} &g_{11} \ddot{q}^1 + g_{12} \ddot{q}^2 + \frac{\partial F}{\partial \dot{q}^1} + H_{,1} + (M + m_*) \ddot{\xi}_j s_{j,1} = 0\,, \\ &g_{21} \ddot{q}^1 + g_{22} \ddot{q}^2 + g_{12,1} (\dot{q}^1)^2 + \frac{\partial F}{\partial \dot{q}^2} + H_{,2} + (M + m_*) \ddot{\xi}_j s_{j,2} = 0 \end{aligned}\right\} \qquad (187)$$

an. Damit liegt ein gekoppeltes nichtlineares, heteronomes und gedämpftes System von gewöhnlichen Differentialgleichungen 2. Ordnung für $q^1(t)$ und $q^2(t)$ vor.

2.8. Die Linearisierung der Bewegungsgleichungen

2.8.1. Übergang zu neuen Koordinaten

Da die Bewegungsgleichungen (187) im allgemeinen kein einfrequentes System bilden, sind die bisherigen Methoden der Nichtlinearen Mechanik zur Integration von Differentialgleichungssystemen nicht anwendbar. Deshalb ist man auf das System der ersten Näherung, d. h. auf das zu (187) gehörende linearisierte System angewiesen. Zunächst wollen wir jedoch neue generalisierte Koordinaten einführen, da q^1 keine direkt meßbare Koordinate darstellt. Gemessen wird nur die Verschiebung der Wandlerspule im Ringspaltmagneten. Die in dieser mechanischen Größe enthaltenen Informationen von den Vorgängen im mechanischen Empfänger werden mittels eines elektrischen Netzes einem Galvanometer zugeleitet.

Es sei K der Massenmittelpunkt der Wandlerspule. Die Funktionen

$$k_i(q^1) = (\delta_{ij} \cos q^1 - \varepsilon_{ij3} \sin q^1)\, k_j(0)\,, \quad k_1(q^1) > 0\,, \quad k_3 = 0\,, \tag{188}$$

sind die $\mathfrak{S}$-Koordinaten von $\overrightarrow{YK}$. Die Achse des zylindrischen Spaltes des Wandlermagneten sei parallel zur 2-Achse von $\mathfrak{S}$, so daß die Größe $k_2(q^1) - k_2\,(0) + h_2\, q^2$ der „Indikator" von $\mathfrak{G}$ ist. Damit wird nun eine neue generalisierte Koordinate $\tilde{q}^1$ von $\mathfrak{G}$ eingeführt, während q^2 beibehalten werden kann:

$$\tilde{q}^1 = k_2(q^1) - k_2(0) + h_2\, q^2\,, \quad \tilde{q}^2 = q^2\,. \tag{189}$$

Wegen $\det\left(\frac{\partial \tilde{q}^\alpha}{\partial q^\beta}\right) = k_1(q^1) > 0$ ist (189) eine erlaubte Koordinatentransformation.

Bezüglich der neuen Koordinaten $\tilde{q}^1$, $\tilde{q}^2$ ist der Energietensor durch

$$\tilde{g}_{\alpha\beta} = \sum_{P\in\mathfrak{G}} \mu\, \frac{\partial x_i}{\partial \tilde{q}^\alpha}\, \frac{\partial x_i}{\partial \tilde{q}^\beta} \tag{190}$$

erklärt. Im Fall $\varphi(t) \equiv 0$ für $t \in \tau$ gilt analog zu den Betrachtungen im Abschnitt 2.7

$$\overline{E} = \frac{1}{2}\, \tilde{g}_{\alpha\beta}\, \dot{\tilde{q}}^\alpha\, \dot{\tilde{q}}^\beta + (M + m_*)\left(\dot{\xi}_i\, \frac{\partial s_i}{\partial \tilde{q}^\alpha}\, \dot{\tilde{q}}^\alpha + \frac{1}{2}\, \dot{\xi}_i\, \dot{\xi}_i\right)$$

und

$$\left(\frac{d}{dt}\, \frac{\partial}{\partial \dot{\tilde{q}}^\alpha} - \frac{\partial}{\partial \tilde{q}^\alpha}\right) \overline{E} = \sum_{P\in\mathfrak{G}} X_i\, \frac{\partial x_i}{\partial \tilde{q}^\alpha}\,. \tag{191}$$

Die CHRISTOFFELschen Symbole erster Art sind jetzt die Ausdrücke

$$\tilde{\Gamma}_{\alpha\beta\gamma} = \frac{1}{2}\left(\frac{\partial \tilde{g}_{\alpha\beta}}{\partial \tilde{q}^\gamma} + \frac{\partial \tilde{g}_{\gamma\alpha}}{\partial \tilde{q}^\beta} - \frac{\partial \tilde{g}_{\beta\gamma}}{\partial \tilde{q}^\alpha}\right). \tag{192}$$

Wie in (186) definieren die Gleichungen

$$\tilde{g}^{\alpha\beta}\, \tilde{g}_{\beta\gamma} = \delta^\alpha_\gamma \tag{193}$$

die Größen $\tilde{g}^{\alpha\beta}$. Neben (192) benötigt man noch die CHRISTOFFELschen Symbole zweiter Art

$$\tilde{\Gamma}^{\alpha}_{\beta\gamma} = \tilde{g}^{\alpha\varrho}\,\tilde{\Gamma}_{\varrho\beta\gamma}\,. \tag{194}$$

Die Bewegungsgleichungen von $\mathfrak{S}$ in den neuen Koordinaten ergeben sich mittels (191) zu

$$\tilde{g}_{\alpha\beta}\,\ddot{\tilde{q}}^{\beta} + \tilde{\Gamma}_{\alpha\beta\gamma}\,\dot{\tilde{q}}^{\beta}\,\dot{\tilde{q}}^{\gamma} + (M + m_*)\,\ddot{\xi}_i\,\frac{\partial s_i}{\partial \tilde{q}^{\alpha}} = \sum_{P\in\mathfrak{S}} X_i\,\frac{\partial x_i}{\partial \tilde{q}^{\alpha}}$$

oder auch

$$\ddot{\tilde{q}}^{\alpha} + \tilde{\Gamma}^{\alpha}_{\beta\gamma}\,\dot{\tilde{q}}^{\beta}\,\dot{\tilde{q}}^{\gamma} + \Big[(M + m_*)\,\ddot{\xi}_i\,s_{i,\gamma} - \sum_{P\in\mathfrak{S}} X_i\,x_{i,\gamma}\Big]\,\frac{\partial q^{\gamma}}{\partial \tilde{q}^{\beta}}\,\tilde{g}^{\alpha\beta} = 0\,. \tag{195}$$

Die Größen $\tilde{g}^{\alpha\beta}$ und $g^{\alpha\beta}$ sind durch die Tensortransformation

$$\tilde{g}^{\alpha\beta} = \frac{\partial \tilde{q}^{\alpha}}{\partial q^{\mu}}\,\frac{\partial \tilde{q}^{\beta}}{\partial q^{\nu}}\,g^{\mu\nu} \tag{196}$$

miteinander verknüpft. Es gilt

$$\frac{\partial q^{\gamma}}{\partial \tilde{q}^{\beta}}\,\tilde{g}^{\alpha\beta} = \frac{\partial \tilde{q}^{\alpha}}{\partial q^{\mu}}\left(\frac{\partial \tilde{q}^{\beta}}{\partial q^{\nu}}\,\frac{\partial q^{\gamma}}{\partial \tilde{q}^{\beta}}\right) g^{\mu\nu} = \frac{\partial \tilde{q}^{\alpha}}{\partial q^{\mu}}\,\delta^{\gamma}_{\nu}\,g^{\mu\nu} = \frac{\partial \tilde{q}^{\alpha}}{\partial q^{\beta}}\,g^{\beta\gamma}\,.$$

Mithin folgt aus (195)

$$\ddot{\tilde{q}}^{\alpha} + \tilde{\Gamma}^{\alpha}_{\beta\gamma}\,\dot{\tilde{q}}^{\beta}\,\dot{\tilde{q}}^{\gamma} + \left[\frac{\partial F}{\partial \dot{q}^{\gamma}} + H_{,\gamma} + (M + m_*)\,\ddot{\xi}_i\,s_{i,\gamma}\right]\frac{\partial \tilde{q}^{\alpha}}{\partial q^{\beta}}\,g^{\beta\gamma} = 0\,. \tag{197}$$

Der Ausdruck in den eckigen Klammern darf als bekannt angesehen werden.

Wegen (188) ist

$$k_2(q^1) - k_2(0) = k_1(0)\,q^1 + \dots\,. \tag{198}$$

Die Punkte sollen auf Glieder höherer Ordnung hinweisen, die bei der vorzunehmenden Linearisierung von (197) verloren gehen. Aus (189) und (198) folgt

$$q^1 = \frac{1}{k_1(0)}\,\tilde{q}^1 - \frac{h_2}{k_1(0)}\,\tilde{q}^2 + \cdots, \qquad q^2 = \tilde{q}^2\,. \tag{199}$$

Nun müssen die in den eckigen Klammern von (197) stehenden Größen in den neuen Koordinaten $\tilde{q}^1$ und $\tilde{q}^2$ ausgedrückt werden, wobei man die Entwicklungen nach den linearen Gliedern abbricht. Vorerst soll noch der Einheitsvektor f_i der Bedingung

$$f_1 = 0\,, \qquad f_2 = -1 \tag{200}$$

unterworfen werden, die auch der Konstruktion von VSJ-I zugrunde liegt. Daraus folgt für die Dissipationsfunktion F gemäß (131) die Darstellung

$$F = \frac{\varrho}{2}\,(n_1\,\delta_{\alpha 1} + h_2\,\delta_{\alpha 2})\,(n_1\,\delta_{\beta 1} + h_2\,\delta_{\beta 2})\,\dot{q}^{\alpha}\,\dot{q}^{\beta}\,. \tag{201}$$

Im Hinblick auf die Transformation (199) erhält man hieraus

$$\frac{\partial F}{\partial \dot{q}^\gamma} = \varrho\,(n_1\,\delta_{\gamma 1} + h_2\,\delta_{\gamma 2})\,(n_1\,\dot{q}^1 + h_2\,\dot{q}^2)$$
$$= \varrho\,[n_1(0)\,\delta_{\gamma 1} + h_2\,\delta_{\gamma 2}]\left\{\frac{n_1(0)}{k_1(0)}\,\dot{\tilde{q}}^1 + h_2\left[1 - \frac{n_1(0)}{k_1(0)}\right]\dot{\tilde{q}}^2\right\} + \cdots. \tag{202}$$

Mit den Bezeichnungen

$$H^0_{,\alpha,\beta} = \frac{\partial^2 H(0,0;\,0,0)}{\partial q^\alpha\,\partial q^\beta} \tag{203}$$

ergibt sich

$$H_{,\gamma} = H^0_{,\gamma,\alpha}\,q^\alpha + \cdots$$
$$= H^0_{,\gamma,1}\cdot\frac{1}{k_1(0)}\,\tilde{q}^1 + \left[H^0_{,\gamma,2} - H^0_{,\gamma,1}\,\frac{h_2}{k_1(0)}\right]\tilde{q}^2 + \cdots. \tag{204}$$

Um $\frac{\partial \tilde{q}^\alpha}{\partial q^\beta}\,g^{\beta\gamma}$ auszurechnen, setzen wir

$$g^{\beta\gamma} = g_0^{\beta\gamma} \quad \text{für} \quad q^1 = 0 \quad \text{und} \quad q^2 = 0$$

und bekommen die Darstellungen

$$\left.\begin{aligned}\frac{\partial \tilde{q}^1}{\partial q^\beta}\,g^{\beta\gamma} &= \delta_1^\gamma\,[k_1(0)\,g_0^{11} + h_2\,g_0^{12}] + \delta_2^\gamma\,[k_1(0)\,g_0^{12} + h_2\,g_0^{22}] + \cdots,\\ \frac{\partial \tilde{q}^2}{\partial q^\beta}\,g^{\beta\gamma} &= \delta_1^\gamma\,g_0^{12} + \delta_2^\gamma\,g_0^{22} + \cdots.\end{aligned}\right\} \tag{205}$$

2.8.2. Eine spezifische Bedingung für den Vertikalseismographen

Der mechanische Empfänger des Vertikalseismographen soll nur die vertikale Komponente der translatorischen Gestell- bzw. Bodenbewegung empfangen, also gegen horizontale Verrückungen unempfindlich sein. Mit Hilfe der Formeln des vorangegangenen Abschnitts kann man diese Bedingung zwar nicht für alle Lagen des Gehänges, aber doch wenigstens für die Gleichgewichtslage $\tilde{q}^1 = 0$, $\tilde{q}^2 = 0$ (oder auch $q^1 = 0$, $q^2 = 0$) erfüllen.

Die Information über die seismische Bewegung ist nach (197) in dem Term $(M + m_*)\,\ddot{\xi}_i\,s_{i,\gamma}\,\frac{\partial \tilde{q}^\alpha}{\partial q^\beta}\,g^{\beta\gamma}$ enthalten. Darin dürfte eigentlich die horizontale Beschleunigungskomponente $\ddot{\xi}_1$ nicht vorkommen, d. h., es müßte $s_{1,\gamma}\,\frac{\partial \tilde{q}^\alpha}{\partial q^\beta}\,g^{\beta\gamma}$ für $\alpha = 1, 2$ identisch verschwinden. Da das Verschwinden nicht für alle Lagen des Gehänges $\mathfrak{G}$ relativ zu $\mathfrak{S}$ erfüllbar ist, müssen wir uns mit der Forderung

$$s^0_{1,\gamma}\left(\frac{\partial \tilde{q}^\alpha}{\partial q^\beta}\,g^{\beta\gamma}\right)_0 = 0\,, \qquad \alpha = 1, 2\,, \tag{206}$$

begnügen, wobei die Null als Index besagt, daß die linken Seiten dieser Gleichungen an der Stelle $\tilde{q}^1 = 0$, $\tilde{q}^2 = 0$ bzw. $q^1 = 0$, $q^2 = 0$ zu bilden sind. Die Gleichungen (206) stellen ein homogenes Gleichungssystem für $s^0_{1,1}$ und $s^0_{1,2}$ dar, das genau dann nichttriviale Lösungen besitzt, wenn die Koeffizientendeterminante verschwindet. Aus

$$\begin{vmatrix} \left(\frac{\partial \tilde{q}^1}{\partial q^\beta} g^{\beta 1}\right)_0 & \left(\frac{\partial \tilde{q}^1}{\partial q^\beta} g^{\beta 2}\right)_0 \\ \left(\frac{\partial \tilde{q}^2}{\partial q^\beta} g^{\beta 1}\right)_0 & \left(\frac{\partial \tilde{q}^2}{\partial q^\beta} g^{\beta 2}\right)_0 \end{vmatrix} = 0 \tag{207}$$

folgt wegen (205)

$$[k_1(0)\, g_0^{11} + h_2\, g_0^{12}]\, g_0^{22} - [k_1(0)\, g_0^{12} + h_2\, g_0^{22}]\, g_0^{12} = k_1(0) \cdot \det\, (g_0^{\alpha\beta}) = 0\,.$$

Bezeichnet man die Determinante von $g_{\alpha\beta}$ für $q^1 = 0$, $q^2 = 0$ mit G, so ergibt sich gemäß (186)

$$\frac{k_1(0)}{G} = 0 \tag{208}$$

im Widerspruch zu $k_1(0) > 0$ und $G > 0$. Darum kommt nur die triviale Lösung von (206), also

$$s_{1,1}^0 = 0 \quad \& \quad s_{1,2}^0 = 0$$

oder nach (62) wegen

$$\left.\begin{aligned} (M + m_*)\, s_{1,1}^0 &= -\,[M\, z_2'(0) + m\, r_2(0)]\,, \\ (M + m_*)\, s_{1,2}^0 &= (M + m)\, h_1 \end{aligned}\right\} \tag{209}$$

das Gleichungspaar

$$M\, z_2'(0) + m\, r_2(0) = 0\,, \tag{210}$$

$$h_1 = 0 \tag{211}$$

als notwendige Bedingungen für den Vertikalseismographen in Betracht. Damit der Vertikalseismograph der Bedingung (210) genügt, und zwar unabhängig davon, wie groß die Masse der Schraubenfeder $\mathfrak{G}''$ ist, müssen der Massenmittelpunkt P' von $\mathfrak{G}'$ und der Punkt R in derselben horizontalen Ebene liegen, was im Fall $z_2'(0) = r_2(0) = 0$ zutrifft. Nach (86) und (96) impliziert (211) die Bedingung $z_1'(0) = r_1(0)$ d. h., die Punkte R und P' müssen übereinstimmen.

Bei VSJ-I gilt $z_2'(0) = r_2(0) = 0$, aber $h_1 \neq 0$. Im Sinne der spezifischen Bedingung für den Vertikalseismographen sollte, falls man schon $h_1 \neq 0$ zuläßt, wenigstens die Größe $s_{1,\gamma}^0 \left(\frac{\partial \tilde{q}^1}{\partial q^\beta} g^{\beta\gamma}\right)_0$ zum Verschwinden gebracht, also

$$M\, z_2'(0) + m\, r_2(0) = -\, h_1 (M + m)\, \frac{k_1(0)\, g_{12}^0 - h_2\, g_{11}}{k_1(0)\, g_{22} - h_2\, g_{12}^0} \tag{212}$$

berücksichtigt werden. Dann würde sich die „Horizontalempfindlichkeit" allein in dem zweiten Freiheitsgrad auswirken können und daher nur gering sein.

In diesem Fall ergibt sich

$$(M + m_*)\, \ddot{\xi}_i\, s^0_{i,\gamma} \left(\frac{\partial \tilde{q}^1}{\partial q^\beta} g^{\beta\gamma}\right)_0 = \frac{1}{G} \{[M\, z_1'(0) + m\, r_1(0)]\, [k_1(0)\, g_{22} - h_2\, g^0_{12}]$$

$$+ h_2\, (M + m)\, [-k_1(0)\, g^0_{12} + h_2\, g_{11}]\}\, \ddot{\xi}_2$$

$$\equiv \frac{B}{G} \ddot{\xi}_2\,, \tag{213}$$

$$(M + m_*)\, \ddot{\xi}_i\, s^0_{i,\gamma} \left(\frac{\partial \tilde{q}^2}{\partial q^\beta} g^{\beta\gamma}\right)_0 = \frac{1}{G} \{[M\, z_2'(0) + m\, r_2(0)]\, g^0_{12} + h_1\, (M + m)\, g_{11}\}\, \ddot{\xi}_1$$

$$+ \frac{1}{G} \{-[M\, z_1'(0) + m\, r_1(0)]\, g^0_{12} + h_2\, (M + m)\, g_{11}\}\, \ddot{\xi}_2$$

$$\equiv \frac{B_1}{G} \ddot{\xi}_1 + \frac{B_2}{G} \ddot{\xi}_2\,. \tag{214}$$

Die Bedingung (212) ist aber unanschaulich. Die Frage, ob sie erfüllt werden kann, bleibt hier unbeantwortet.

2.8.3. Das System der ersten Näherung

Um von den Bewegungsgleichungen von $\mathfrak{G}$ das System der ersten Näherung aufschreiben zu können, ist es zweckmäßig, neben den Substitutionen B und B_1, B_2 in (213) und (214) folgende Abkürzungen einzuführen, die durch die Formeln des Abschnittes 2.8.1. nahegelegt werden:

$$\left.\begin{aligned}
C_{11} &= \frac{1}{k_1(0)} \{H^0_{,1,1}\, [k_1(0)\, g_{22} - h_2\, g^0_{12}] + H^0_{,1,2}\, [-k_1(0)\, g^0_{12} + h_2\, g_{11}]\}\,,\\
C_{12} &= H^0_{,1,1}\, h_2 \left[\frac{h_2}{k_1(0)}\, g^0_{12} - g_{22}\right] + H^0_{,1,2} \left[k_1(0)\, g_{22} - \frac{(h_2)^2}{k_1(0)}\, g_{11}\right]\\
&\quad + H^0_{,2,2}\, [h_2\, g_{11} - k_1(0)\, g^0_{12}]\,,\\
C_{21} &= \frac{1}{k_1(0)} (H^0_{,1,2}\, g_{11} - H^0_{,1,1}\, g^0_{12})\,,\\
C_{22} &= g_{11} \left[H^0_{,2,2} - H^0_{,1,2} \frac{h_2}{k_1(0)}\right] - g^0_{12} \left[H^0_{,1,2} - H^0_{,1,1} \frac{h_2}{k_1(0)}\right],\\
D_{11} &= \frac{n_1(0)}{k_1(0)} \{n_1(0)\, [k_1(0)\, g_{22} - h_2\, g^0_{12}] + h_2\, [-k_1(0)\, g^0_{12} + h_2\, g_{11}]\}\,,\\
D_{12} &= h_2 \left[1 - \frac{n_1(0)}{k_1(0)}\right] \{n_1(0)\, [k_1(0)\, g_{22} - h_2\, g^0_{12}] + h_2\, [-k_1(0)\, g^0_{12} + h_2\, g_{11}]\}\,,\\
D_{21} &= \frac{n_1(0)}{k_1(0)} [-n_1(0)\, g^0_{12} + h_2\, g_{11}]\,,\\
D_{22} &= h_2 \left[1 - \frac{n_1(0)}{k_1(0)}\right] [-n_1(0)\, g^0_{12} + h_2\, g_{11}]\,.
\end{aligned}\right\} \tag{215}$$

Anhand von (197) nehmen die linearisierten Bewegungsgleichungen, wenn man außerdem

$$\tilde{q}^1 \equiv u\,, \qquad \tilde{q}^2 \equiv y \tag{216}$$

setzt, die übersichtliche Gestalt

$$G\,\ddot{u} + \varrho\,D_{11}\,\dot{u} + \varrho\,D_{12}\,\dot{y} + C_{11}\,u + C_{12}\,y + B\,\ddot{\xi}_2 = 0\,,$$
$$G\,\ddot{y} + \varrho\,D_{21}\,\dot{u} + \varrho\,D_{22}\,\dot{y} + C_{21}\,u + C_{22}\,y + B_1\,\ddot{\xi}_1 + B_2\,\ddot{\xi}_2 = 0 \tag{217}$$

an. Die Entkopplung in den Koordinaten u und y tritt für $C_{12} = 0$, $C_{21} = 0$, $D_{12} = 0$, $D_{21} = 0$ ein.

Für die Existenz einer Indikatorgleichung 2. Ordnung ist hinreichend, daß die erste Bewegungsgleichung neben Konstanten nur die variable Koordinate u des Indikators und deren erste und zweite zeitliche Ableitung sowie die ausgewählte Beschleunigungskomponente $\ddot{\xi}_2$ als Funktion der Zeit enthält. Zu diesem Zweck müßte

$$C_{12} = 0 \quad \text{und} \quad D_{12} = 0 \tag{218}$$

gefordert werden. Wie man aus (215) erkennt, ist diese Bedingung insbesondere dann erfüllt, wenn

$$h_2 = 0 \quad \text{und} \quad H^0_{,1,2}\,g_{22} - H^0_{,2,2}\,g^0_{12} = 0 \tag{219}$$

gilt. Offenbar ist $h_2 = 0$ gleichbedeutend mit einer senkrechten Einstellung der Blattfeder, was der in (211) erhobenen Forderung widerspricht. Es sind nun die beiden Fälle $h_1 = +1$ und $h_1 = -1$ zu diskutieren:

$$h_1 = \begin{cases} +1 & \text{für} \quad z_1'(0) < r_1(0) = a_1 \quad \text{oder} \quad r_1(0) = a_1 < 0 \\ -1 & \text{für} \quad z_1'(0) > r_1(0) = a_1 > 0\,. \end{cases} \tag{220}$$

Man kann zeigen, daß nur $h_1 = +1$ zu einer prinzipiell erfüllbaren Bedingung führt, die sich unter der Voraussetzung $M\,z_2'(0) + m\,r_2(0) = 0$ mit

$$W_{,2}\left[M + \frac{m_*}{3}(1 - \chi_0)\right] - r_2(0)\left\{V_{,2}\left[m - \frac{m_*}{3}(1 - \chi_0)\right] + \varkappa_0\,(m + M)\right\} = 0 \tag{221}$$

ergibt. Das Problem der Entkopplung der linearisierten Bewegungsgleichungen in den beiden generalisierten Koordinaten des Gehänges $\mathfrak{G}$ läßt sich leider nicht in anschaulichen und in der Praxis leicht erfüllbaren Bedingungen wie bei HSJ-I formulieren.

2.9. Eine Indikatorgleichung 4. Ordnung

Da es also nicht ohne weiteres möglich ist, in der bisher berücksichtigten Allgemeinheit eine Indikatorgleichung 2. Ordnung zu gewinnen, wird nun die lineare Indikatorgleichung 4. Ordnung aufgestellt, die unter Berücksichtigung der Dämpfung jedoch sehr unübersichtlich ist, so daß diese außer acht gelassen wird, was übrigens keine wesentliche Einschränkung der Allgemeinheit bedeutet.

Wir setzen in (217) also $\varrho = 0$ und erhalten somit die linearisierten Bewegungsgleichungen

$$G\,\ddot{u} + C_{11}\,u + C_{12}\,y + B\,\ddot{\xi}_2 = 0\,,$$
$$G\,\ddot{y} + C_{21}\,u + C_{22}\,y + B_1\,\ddot{\xi}_1 + B_2\,\ddot{\xi}_2 = 0\,.$$

Differenziert man die erste Gleichung zweimal nach der Zeit t, ergibt sich

$$G\,\frac{d^4u}{dt^4} + C_{11}\,\ddot{u} + C_{12}\,\ddot{y} + B\,\frac{d^4\xi_2}{dt^4} = 0$$

und, indem man

$$\ddot{y} = -\frac{1}{G}\,(C_{21}\,u + C_{22}\,y + B_1\,\ddot{\xi}_1 + B_2\,\ddot{\xi}_2)$$

sowie

$$y = -\frac{1}{C_{12}}\,(G\,\ddot{u} + C_{11}\,u + B\,\ddot{\xi}_2)$$

berücksichtigt, durch Elimination von $\ddot{y}$ und y die gesuchte Indikatorgleichung 4. Ordnung

$$G\,\frac{d^4u}{dt^4} + (C_{11} + C_{22})\,\ddot{u} + \frac{1}{G}\,(C_{11}\,C_{22} - C_{12}\,C_{21})\,u$$
$$+ B\,\frac{d^4\xi_2}{dt^4} + \frac{1}{G}\,(B\,C_{22} - B_2\,C_{12})\,\ddot{\xi}_2 - \frac{B_1\,C_{12}}{G}\,\ddot{\xi}_1 = 0\,. \quad (222)$$

Wie schon gezeigt wurde, verschwindet der unerwünschte Koeffizient von $\ddot{\xi}_1$ nur für $M\,z_2'(0) + m\,r_2(0) = 0$ und $h_1 = 0$.

Die beiden Eigenfrequenzen ω_{I} und ω_{II} der autonomen Bewegung von $\mathfrak{G}$ sind die positiven Wurzeln der aus dem üblichen Exponentialansatz $u = e^{i\omega t}$ resultierenden charakteristischen Gleichung

$$\omega^4 - \frac{1}{G}\,(C_{11} + C_{22})\,\omega^2 + \frac{1}{G^2}\,(C_{11}\,C_{22} - C_{12}\,C_{21}) = 0\,,$$

also

$$(\omega_{\mathrm{I,II}})^2 = \frac{1}{2\,G}\left[C_{11} + C_{22} \mp \sqrt{(C_{11} + C_{22})^2 - 4\,(C_{11}\,C_{22} - C_{12}\,C_{21})}\right]; \quad (223)$$

d. h., die Lösung der homogenen Differentialgleichung (222) stellt eine Überlagerung von zwei harmonischen Schwingungen von $\mathfrak{G}$ relativ zu $\mathfrak{S}$ mit den Kreisfrequenzen ω_{I} und ω_{II} dar. Es läßt sich zeigen, daß der unter der Wurzel in (223) stehende Ausdruck $C_{11}\,C_{22} - C_{12}\,C_{21}$ gleich dem Produkt $D \cdot G$ ist.

Damit die autonome Bewegung von $\mathfrak{G}$ stabil ist, also $\omega_{\mathrm{I}} > 0$ und $\omega_{\mathrm{II}} > 0$ gilt, müssen die Ungleichungen

$$\left.\begin{aligned} C_{11} + C_{22} &> 0\,,\\ (C_{11} + C_{22})^2 - 4\,D\,G &\geqq 0\,,\\ D\,G &> 0 \end{aligned}\right\} \quad (224)$$

bestehen. Darunter befindet sich die bekannte Stabilitätsforderung $D > 0$. Für den Fall

$$\frac{4\,D\,G}{(C_{11} + C_{22})^2} \ll 1\,, \quad (225)$$

in dem sich die beiden Kreisfrequenzen ω_{I} und ω_{II} stark voneinander unterscheiden, erhält man die Näherungsformeln

$$\omega_{\mathrm{I}} \approx \sqrt{\frac{D}{C_{11} + C_{22}}}\,, \tag{226}$$

$$\omega_{\mathrm{II}} \approx \sqrt{\frac{C_{11} + C_{22}}{G}}\,. \tag{227}$$

Der interessierenden langperiodischen Schwingung ist demnach eine kurzperiodische „Zitterbewegung" überlagert, die von der Blattfederaufhängung von $\mathfrak{G}'$ am Gestell herrührt. Die Tilgung dieser Zitterbewegung durch eine geeignete Konstruktion des Empfängers bereitet, wie gezeigt wurde, große Schwierigkeiten. Nun klingt aber die Zitterbewegung infolge der Dämpfung rasch ab, falls sie nicht von außen (durch eine Gestellbewegung) erneut angeregt wird. Es bildet sich dann eine bestimmte autonome Schwingungsform des Gehänges $\mathfrak{G}$ heraus, die im nächsten Abschnitt behandelt werden soll.

2.10. Eine spezielle Schwingungsform des Gehänges

Im folgenden wird angenommen, daß das Gehänge $\mathfrak{G}$ eine gestellfeste Drehachse besitzt. Diese Annahme ist zwar nicht exakt erfüllt, entspricht aber wohl mitunter einer hinreichenden Annäherung an die tatsächlichen Verhältnisse. Mit Y^* bezeichnen wir den Punkt, durch den die gestellfeste Drehachse verläuft, und mit $y_i^* = \text{const}$ seine $\mathfrak{S}$-Koordinaten, wobei

$$y_3^* = 0 \tag{228}$$

gilt. Wie auch aus Abb. 7 zu ersehen ist, besteht zwischen y_i, y_i^* und den $\mathfrak{S}$-Koordinaten des Vektors $\overrightarrow{Y\,Y^*}$ die Beziehung

$$d_i = y_i^* - y_i\,. \tag{229}$$

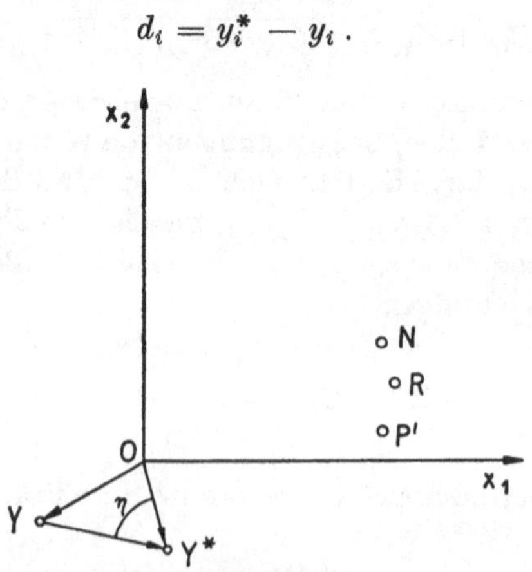

Abb. 7. Die Beziehung $\overrightarrow{O\,Y^*} = \overrightarrow{O\,Y} + \overrightarrow{Y\,Y^*}$

Die Näherung (94), wonach sich die gehängefesten Enden der Blattfedern auf einer Geraden bewegen, wird nun aufgegeben. Statt dessen nehmen wir an, daß Y einen Kreisbogen beschreibt, dessen Mittelpunkt in Y^* liegt. Die entsprechenden Bedingungen verhelfen zu der Darstellung

$$d_i = d_i(\eta)\,, \qquad d_i(0) = y_i^*\,, \qquad d_i\, d_i = \text{const}\,,$$
$$d_i = (\delta_{ij} \cos \eta - \varepsilon_{ij3} \sin \eta)\, y_j^*\,. \tag{230}$$

Für den konstanten Abstand $\overline{O\,Y^*} = c$ gilt

$$c^2 = y_i^*\, y_i^* > 0\,. \tag{231}$$

Aus Abb. 3 entnimmt man die Beziehung

$$y_i^* = -\,c\, \varepsilon_{ij3}\, h_j\,, \tag{232}$$

und die Gleichungen (229), (230) und (231) verhelfen zu den Relationen

$$y_i = [\delta_{ij}\,(1 - \cos \eta) + \varepsilon_{ij3} \sin \eta]\, y_j^* \tag{233}$$

und

$$y^2 = y_i\, y_i = 4\, c^2 \sin^2 \frac{\eta}{2}\,. \tag{234}$$

Aus (233) folgt

$$\frac{dy_i}{d\eta} = (\delta_{ij} \sin \eta + \varepsilon_{ij3} \cos \eta)\, y_j^* = \varepsilon_{ij3}\, d_j\,. \tag{235}$$

Die hier diskutierten Bewegungen des Gehänges $\mathfrak{G}$ sind also offensichtlich dadurch ausgezeichnet, daß genähert

$$y = c\, \eta \tag{236}$$

gilt. Das exakte Vorgehen würde nun verlangen, daß man c als Funktion von η ansieht; dann ist die Transformation (236) gewiß immer erlaubt. Der Ansatz (236) wäre in die Bewegungsgleichungen (187) einzuführen. Daraus könnte man Aussagen über die Veränderlichkeit oder Konstanz der Drehachse von $\mathfrak{G}'$ erhalten. Hier wollen wir jedoch von vornherein eine gestellfeste Drehachse von $\mathfrak{G}'$ voraussetzen und die Größe c näherungsweise berechnen. Zu diesem Zweck gehen wir mit dem Ansatz (236) in die linearisierten autonomen und ungedämpften Bewegungsgleichungen (187) ein und erhalten

$$(g_{11} + g_{12}^0\, c)\, \ddot{\eta} + (H^0_{,1,1} + H^0_{,1,2}\, c)\, \eta = 0\,,$$
$$(g_{12}^0 + g_{22}\, c)\, \ddot{\eta} + (H^0_{,1,2} + H^0_{,2,2}\, c)\, \eta = 0\,. \tag{237}$$

Beide Differentialgleichungen werden als äquivalent angesehen, d. h., sie sollen dieselben Bewegungen von $\mathfrak{G}$ beschreiben. Die Gleichsetzung ihrer Eigenfrequenzen liefert eine quadratische Bestimmungsgleichung für c, nämlich

$$(H^0_{,1,1} + H^0_{,1,2}\, c)\, (g_{12}^0 + g_{22}\, c) = (H^0_{,1,2} + H^0_{,2,2}\, c)\, (g_{11} + g_{12}^0\, c) \tag{238}$$

oder

$$(H^0_{,1,2}\, g_{22} - H^0_{,2,2}\, g_{12}^0)\, c^2 + (H^0_{,1,1}\, g_{22} - H^0_{,2,2}\, g_{11})\, c + H^0_{,1,1}\, g_{12}^0 - H^0_{,1,2}\, g_{11} = 0\,. \tag{239}$$

Man erhält im allgemeinen zwei Werte für c, die den in [2] erwähnten beiden möglichen Drehzentren des Gehängeteils $\mathfrak{G}'$ entsprechen. Eine genäherte Berechnung von c unter Vernachlässigung der Masse der Schraubenfeder $\mathfrak{G}''$ erfolgt an späterer Stelle. Hier soll nur darauf hingewiesen werden, daß die auf diese Weise mit den beiden Werten von c erhaltenen Eigenfrequenzen erwartungsgemäß mit den aus der Indikatorgleichung 4. Ordnung resultierenden identisch sind.

Die weiteren Rechnungen vereinfachen sich erheblich, wenn man neue auf Y^* bezogene $\mathfrak{S}$-Koordinaten verwendet, die folgendermaßen definiert sind:

$$\left.\begin{aligned}
&\tilde{a}_i\text{: }\mathfrak{S}\text{-Koordinaten von } \overrightarrow{Y^* A}, && \tilde{a}_i = a_i - y_i^*\,,\\
&\tilde{r}_i\text{: }\mathfrak{S}\text{-Koordinaten von } \overrightarrow{Y^* R}, && \tilde{r}_i = r_i - d_i\,,\\
&\tilde{z}'_i\text{: }\mathfrak{S}\text{-Koordinaten von } \overrightarrow{Y^* P'}, && \tilde{z}'_i = z'_i - d_i\,,\\
&\tilde{n}_i\text{: }\mathfrak{S}\text{-Koordinaten von } \overrightarrow{Y^* N}, && \tilde{n}_i = n_i - d_i\,,\\
&\tilde{z}_i\text{: }\mathfrak{S}\text{-Koordinaten von } \overrightarrow{Y^* P}, && \tilde{z}_i = z_i - d_i\,.
\end{aligned}\right\} \tag{240}$$

Unter Benutzung von (235) und (240) entnehmen wir (83) die Gleichung

$$\begin{aligned}
\sum_{P\in\mathfrak{G}} X_i \frac{dx_i}{d\eta} &= [-(M+m)\,g\,c_{2i} + Y_i + R_i + N_i]\,\varepsilon_{ij3}\,d_j\\
&\quad - (M\,z'_1 + m\,r_1)\,g - W + \varepsilon_{ij3}\,(r_i\,R_j + n_i\,N_j)\\
&= \varepsilon_{ij3}\,c_{2i}\,(M\,\tilde{z}'_j + m\,\tilde{r}_j)\,g + \varepsilon_{ij3}\,Y_i\,d_j + \varepsilon_{ij3}\,(\tilde{r}_i\,R_j + \tilde{n}_i\,N_j) - W\,.
\end{aligned}\tag{241}$$

Mit den $\mathfrak{S}$-Koordinaten des auf $\mathfrak{G}$ wirkenden Drehmoments der konservativen Kräfte

$$M_k = \delta_{k3}\,M_3,\ M_3 = \varepsilon_{ij3}\,c_{2i}\,(M\,\tilde{z}'_j + m\,r_j)\,g + \varepsilon_{ij3}\,Y_i\,d_j + \varepsilon_{ij3}\,\tilde{r}_i\,R_j - W\,, \tag{242}$$

schreibt sich (241)

$$\sum_{P\in\mathfrak{G}} X_i \frac{dx_i}{d\eta} = M_3 + \varepsilon_{ij3}\,\tilde{n}_i\,N_j\,. \tag{243}$$

Um die einzelnen Terme von M_3 diskutieren zu können, setzen wir in Übereinstimmung mit (67) und (240)

$$R_j = -\varkappa_*\left(1 - \frac{l_F + l_Z}{L}\right)(\tilde{r}_j - \tilde{a}_j)\,,\qquad L^2 = (\tilde{r}_i - \tilde{a}_i)\,(\tilde{r}_i - \tilde{a}_i)\,. \tag{244}$$

Auf die Forderung (68) wird hier verzichtet.
Unter Zuhilfenahme von (242) und (244) ergibt sich

$$M_3 = \varepsilon_{ij3}\,c_{2i}\,(M\,\tilde{z}'_j + m\,\tilde{r}_j) + \varepsilon_{ij3}\,Y_i\,d_j - W + \varepsilon_{ij3}\,\varkappa_*\left(1 - \frac{l_F + l_Z}{L}\right)\tilde{r}_i\,\tilde{a}_j\,. \tag{245}$$

Für die Potenzreihenentwicklung der Funktion $M_3 = M_3(\eta)$ benötigt man die Ableitungen des Moments der Blattfederkräfte Y_i. Unter Verwendung der

Formeln (95), (230) und (232) erhalten wir die Beziehung

$$\left(\frac{d}{d\eta}\varepsilon_{ij3}\,Y_i\,d_j\right)_{\eta=0} = c\left(\frac{dY_i}{d\eta}\right)_{\eta=0} h_i + c\,U \tag{246}$$

oder schließlich

$$\left(\frac{d}{d\eta}\varepsilon_{ij3}\,Y_i\,d_j\right)_{\eta=0} = -\,c\left(\frac{dV}{d\eta}\right)_{\eta=0} + c\,U\,. \tag{247}$$

Das Auftreten des Terms $c\,U$ läßt sich wohl kaum physikalisch interpretieren. Möglicherweise ist die verwendete Blattfedertheorie, die im Hinblick auf das „zweifreiheitsgradige" Gehänge $\mathfrak{G}$ entwickelt wurde, nicht für Bewegungen von $\mathfrak{G}$ mit fester Drehachse (Y^*) geeignet. Wählt man z. B. für Y_i ad hoc den Ansatz

$$Y_i = -\,(\delta_{ij}\cos\eta - \varepsilon_{ij3}\sin\eta)\,(U\varepsilon_{ik3}\,h_k + V\,h_j)\,,$$

so kommt der Term $c\,U$ in (247) nicht vor. Wir wollen aber trotz gewisser Bedenken weiterhin die Formel (247) benutzen. Der Ausdruck $\left(\frac{dV}{d\eta}\right)_{\eta=0}$ ergibt sich aus (99) und (236) zu

$$\left(\frac{dV}{d\eta}\right)_{\eta=0} = \frac{U}{1-q}\left(\frac{c}{\lambda} - \frac{q}{2}\right). \tag{248}$$

Mit

$$p = \frac{\lambda}{2}\sqrt{\frac{U}{J}} \tag{249}$$

reduziert sich der Ausdruck für q in (98) auf

$$q = \frac{\mathfrak{Tan}\,p}{p}\,. \tag{250}$$

An die Stelle von (248) tritt nun die Relation

$$\left(\frac{dV}{d\eta}\right)_{\eta=0} = \frac{4\,p^2\,J}{\lambda^3\,(1-q)}\left[c - \frac{\lambda}{2}\,q\right]. \tag{251}$$

Der entsprechende Ausdruck für das Einspannmoment lautet

$$\left(\frac{dW}{d\eta}\right)_{\eta=0} = -\,\frac{2\,p^2\,q\,J}{\lambda^2\,(1-q)}\left[c - \frac{\lambda}{2}\left(1 + \frac{1-q}{p^2\,q^2}\right)\right]. \tag{252}$$

Das Moment der Kräfte Y_i und das Einspannmoment W mögen symmetrisch sein, d. h., wir setzen

$$\left(\frac{d^2}{d\eta^2}\varepsilon_{ij3}\,Y_i\,d_j\right) = 0$$

und

$$\left(\frac{d^2W}{d\eta^2}\right)_{\eta=0} = 0 \tag{253}$$

voraus.

Für die Ableitungen von M_3 nach η werden außerdem die Formeln

$$\frac{d\tilde{z}_i}{d\eta} = \varepsilon_{i3j}\,\tilde{z}_j \tag{254}$$

und [wegen der Darstellung von L^2 in (244) sowie $\frac{d\tilde{r}_i}{d\eta} = \varepsilon_{i3j}\,\tilde{r}_j$]

$$\frac{dL}{d\eta} = \varepsilon_{ij3}\,\tilde{a}_i\,\tilde{r}_j\,\frac{1}{L} \tag{255}$$

benötigt. Schließlich vereinfachen wir den Ausdruck für M_3 in (245) noch durch die Annahme $c_{2i} \equiv \delta_{2i}$, also $\varphi \equiv 0$, und erhalten

$$M_3 = -(M\tilde{z}_1' + m\tilde{r}_1)\,g + \varepsilon_{ij3}\,Y_i\,d_j - W + \varkappa_*\left(1 - \frac{l_F + l_Z}{L}\right)\varepsilon_{ij3}\,\tilde{r}_i\,\tilde{a}_j\,, \quad (256)$$

$$\frac{dM_3}{d\eta} = (M\tilde{z}_2' + m\tilde{r}_2)\,g + \frac{d}{d\eta}(\varepsilon_{ij3}\,Y_i\,d_j) - \frac{dW}{d\eta} - \varkappa_*\left(1 - \frac{l_F + l_Z}{L}\right)\tilde{r}_j\,\tilde{a}_j - {}$$
$$- \frac{l_F + l_Z}{L^3}\,\varkappa_*\,(\varepsilon_{ij3}\,\tilde{r}_i\,\tilde{a}_j)^2\,, \quad (257)$$

$$\frac{d^2M_3}{d\eta^2} = (M\tilde{z}_1' + m\tilde{r}_1)\,g + \frac{d^2}{d\eta^2}(\varepsilon_{ij3}\,Y_i\,d_j) - \frac{d^2W}{d\eta^2} - \varkappa_*\left(1 - \frac{l_F + l_Z}{L}\right)\varepsilon_{ij3}\,\tilde{r}_i\,\tilde{a}_j$$
$$+ \frac{3(l_F + l_Z)}{L^3}\,\varkappa_*\,\varepsilon_{ij3}\,\tilde{r}_i\,\tilde{a}_j\,\tilde{r}_k\,\tilde{a}_k - \frac{3\,(l_F + l_Z)}{L^5}\,\varkappa_*\,(\varepsilon_{ij3}\,\tilde{r}_i\,\tilde{a}_j)^3\,. \quad (258)$$

Es ist zweckmäßig, den Winkel γ zwischen dem Vektor $\overrightarrow{Y^*R}$ mit dem Betrag $\tilde{r}$ und dem Vektor $\overrightarrow{Y^*A}$ mit dem Betrag $\tilde{a}$ einzuführen. Wegen

$$\tilde{r}_i(0)\,\tilde{a}_i = \tilde{r}\,\tilde{a}\cos\gamma \quad (259)$$

erhält man aus (256) für $\eta = 0$

$$M_3(0) = -\,[M\tilde{z}_1'(0) + m\,\tilde{r}_1(0)]\,g + \varkappa_*\left(1 - \frac{l_F + l_Z}{L_0}\right)\tilde{r}\,\tilde{a}\sin\gamma\,, \quad (260)$$

wobei $\varepsilon_{ij3}\,Y_i^0\,d_j(0) = 0$ berücksichtigt wird. Da die Gleichgewichtsbedingung bei konstanter Temperatur $\vartheta = 0$

$$M_3(0) = 0 \quad (261)$$

lautet, ergibt sich

$$\varkappa_0\,\tilde{r}\,\tilde{a}\sin\gamma = [M\tilde{z}_1'(0) + m\tilde{r}_1(0)]\,g \quad (262)$$

für die Ruhelage. Unter Verwendung des dimensionslosen Faktors $\boldsymbol{N}$, der durch

$$\boldsymbol{N}^{-2} = \cot\gamma + \frac{l_F + l_Z}{L_0^2\,(L_0 - l_F - l_Z)}\,\tilde{r}\,\tilde{a}\sin\gamma$$
$$+ \frac{2\,J\,p^2}{\lambda^2\,(1 - q)\,g\,[M\tilde{z}_1'(0) + m\,\tilde{r}_1(0)]}\left[\frac{2\,c}{\lambda}\left(c - q\,\frac{\lambda}{2}\right) - \right.$$
$$\left. - q\,c + \frac{q\,\lambda}{2}\left(1 + \frac{1 - q}{p^2\,q^2}\right) - 2\,(1 - q)\,c\right] - \frac{M\tilde{z}_2'(0) + m\,\tilde{r}_2(0)}{M\tilde{z}_1'(0) + m\,\tilde{r}_1(0)} \quad (263)$$

definiert ist, gelangt man mit Hilfe von (251), (252), (257), (259) und (262) zu den Beziehungen

$$\frac{dM_3(0)}{d\eta} = -\,g\,[M\tilde{z}_1'(0) + m\,\tilde{r}_1(0)]\cdot\frac{1}{\boldsymbol{N}^2} \quad (264)$$

und

$$\frac{d^2M_3(0)}{d\eta^2} = [M\tilde{z}_1'(0) + m\,\tilde{r}_1(0)]\,g\,\frac{3(l_F + l_Z)\,\tilde{r}\,\tilde{a}}{L_0^2(L_0 - l_F - l_Z)}\left(\cos\gamma - \frac{\tilde{r}\,\tilde{a}\sin^2\gamma}{L_0^2}\right). \quad (265)$$

Hieraus geht hervor, daß die durch das in η quadratische Glied der Potenzreihenentwicklung von (245) bewirkte Asymmetrie der Kennlinie verschwindet, wenn es gelingt, $l_F + l_Z$ zum Verschwinden zu bringen.

Wir wollen nun die Bewegungsgleichung für das Gehänge $\mathfrak{G}$ unter der Annahme herleiten, daß $\mathfrak{G}$ eine gestellfeste Drehachse besitzt. Hierbei können wir uns die Ergebnisse des Abschnittes 2.6 zunutze machen. In der LAGRANGEschen

Fassung ergibt sich die Bewegungsgleichung zu

$$\left(\frac{d}{dt}\frac{\partial}{\partial\dot\eta} - \frac{\partial}{\partial\eta}\right)\overline{E} = \sum_{P\in\mathfrak{G}} X_i \frac{dx_i}{d\eta} \tag{266}$$

mit, ähnlich wie in Abschn. 2.6,

$$\left(\frac{d}{dt}\frac{\partial}{\partial\dot\eta} - \frac{\partial}{\partial\eta}\right)\overline{E} = Q\,\ddot\eta + \frac{1}{2}\frac{dQ}{d\eta}\dot\eta^2 + (M + m_*)\,\ddot\xi_i \frac{ds_i}{d\eta}\,. \tag{267}$$

Das auf die Drehachse durch Y^* bezogene Trägheitsmoment von $\mathfrak{G}$ wird durch

$$Q = Q(\eta) = \sum_{P\in\mathfrak{G}} \mu \frac{dx_i}{d\eta}\frac{dx_i}{d\eta} \tag{268}$$

ausgedrückt. Wir führen den Trägheitsradius $\tilde z$ von $\mathfrak{G}'$ ein, der durch

$$M\,\tilde z^2 = \sum_{P\in\mathfrak{G}'} \mu\,(\tilde z_1^2 + \tilde z_2^2) \tag{269}$$

definiert ist, und erhalten nach längerer Rechnung unter Verwendung der Ergebnisse im Abschnitt 2.7

$$Q = M\,\tilde z^2 + \frac{m_*}{3}\left[\tilde r^2 - \chi\,\frac{(L^2 + \tilde r^2 - \tilde a^2)^2}{4\,L^2}\right] \tag{270}$$

mit der bekannten Funktion

$$\chi = \frac{L^2 - (L - l_R)^2 - (L - l_R)\,l_A - l_A^2 - \frac{3}{2}e^2}{L^2}\,,$$

die sich für $l_A = l_R = \frac{l_Z}{2}$ zu

$$\chi = \frac{2\,L\,l_Z - l_Z^2 - 6\,e^2}{4\,L^2} \tag{271}$$

vereinfacht. Man erkennt aus (270) und (271), daß für $l_Z = 0$ und $\tilde r = \tilde a$ das Trägheitsmoment Q von η unabhängig ist. In diesem Fall kommt der Term mit $\dot\eta^2$ in der Bewegungsgleichung nicht vor. Ausgehend von (62) erhalten wir für die benötigten Ableitungen der Schwerpunktkoordinaten s_i nach η

$$(M + m_*)\frac{ds_i}{d\eta} = -\,(\delta_{ij}\sin\eta + \varepsilon_{ij3}\cos\eta)\,[M\,\tilde z_j'(0) + m\,\tilde r_j(0)]\,. \tag{272}$$

Um die Bewegungsgleichung übersichtlich zu gestalten, ersetzen wir Q durch $Q(0)$, $\tilde n_i$ durch $\tilde n_i(0)$ und $\frac{ds_i}{d\eta}$ durch $\frac{ds_i(0)}{d\eta}$ und erhalten mit Rücksicht auf (243), (266), (267) und (272)

$$Q(0)\,\ddot\eta - \varepsilon_{ij3}\,[M\,\tilde z_j'(0) + m\,\tilde r_j(0)]\,\ddot\xi_i = \varepsilon_{ij3}\,\tilde n_i(0)\,N_j + \frac{dM_3(0)}{d\eta}\eta + \frac{1}{2}\frac{d^2M_3}{d\eta^2}\eta^2 + \cdots. \tag{273}$$

Es ist zweckmäßig, die reduzierte Pendellänge von $\mathfrak{G}$, also

$$l = \frac{Q(0)}{M\,\tilde z_1'(0) + m\,\tilde r_1(0)}\,, \tag{274}$$

einzuführen. Die spezifische Bedingung für den Vertikalseismographen lautet jetzt

$$M\,\tilde{z}_2'(0) + m\,\tilde{r}_2(0) = 0\,. \tag{275}$$

Damit geht die Bewegungsgleichung (273) in

$$\ddot{\eta} + \frac{1}{l}\ddot{\xi}_2 - \frac{1}{Q(0)}\varepsilon_{ij3}\,n_i(0)\,N_j + \frac{1}{N^2}\frac{g}{l}\eta - \frac{1}{2\,Q(0)}\frac{d^2M_3(0)}{d\eta^2}\eta^2 + \cdots = 0 \tag{276}$$

über. Für die linearisierte, autonome und ungedämpfte Gehängebewegung kann man aus (276) sofort die Eigenfrequenz

$$\omega_s = \frac{1}{N}\sqrt{\frac{g}{l}} \tag{277}$$

ablesen, was mit der allgemeineren Formel

$$\omega_s^2 = -\frac{1}{Q(0)}\frac{dM_3(0)}{d\eta} \tag{278}$$

übereinstimmt. Die Schwingungsdauer T_s ergibt sich zu

$$T_s = 2\,\pi\,N\sqrt{\frac{l}{g}}\,. \tag{279}$$

Will man die Schwingungsdauer für größere Amplituden bestimmen, so kann man nicht mehr von der linearisierten Bewegungsgleichung ausgehen, sondern muß jetzt die Methoden der Nichtlinearen Mechanik anwenden. Als sehr zweckmäßig bietet sich das Näherungsverfahren von KRYLOV und BOGOLJUBOV an, bei dem die 1. Näherung bereits eine Amplitudenabhängigkeit der Schwingungsdauer liefert, während die (lineare) Dämpfung erst in die 2. Näherung eingeht. Ohne Beweis sei hier das Ergebnis der 1. Näherung

$$T_I(\hat{\eta}) = T_s\left[1 + \frac{3}{8}\frac{l\,N^2}{Q(0)\,g}\frac{d^3M_3(0)}{d\eta^3}\hat{\eta}^2 + \cdots\right] \tag{280}$$

angegeben, wobei $\hat{\eta}$ die Amplitude bezeichnet.

3. Die Konstruktion und Eichung von VSJ-I

3.1. Grundlegende Forderungen an die Konstruktion

Um die drei orthogonalen Komponenten der Bodentranslation an einer seismologischen Station in gleicher Weise aufzeichnen zu können, müssen die Instrumente für die verschiedenen Komponenten äquivalent sein. Der Vertikalseismograph VSJ-I hat also dem Horizontalseismographen HSJ-I [16, 17] zu entsprechen. Demnach sollte sich der mechanische Empfänger von VSJ-I auf die gleiche Eigenperiode und Dämpfung wie der Empfänger von HSJ-I abstimmen lassen. Die „Hauptarbeitsperiode" beträgt 20 s. Eine Erhöhung der Eigenperiode auf 30 s soll möglich sein, um mit Hilfe von sehr langperiodischen Galvanometern noch langsamere Bodenschwingungen registrieren zu können [13]. Die übrigen Parameter des Gehänges, d. h. seine Masse M, sein Trägheitsmoment Q und die reduzierte Pendellänge l, sollen ebenfalls nicht wesentlich von denen des HSJ-I abweichen. Es wird daher im wesentlichen aus den gleichen Gründen, die in [16] ausführlich dargelegt sind, $M \approx 5$ kg, $Q \approx 10^7$ g cm^2 und $l \approx 50$ cm gefordert.

Die elektrodynamische Registriermethode ist auch beim Vertikalseismographen vorteilhaft, da langperiodische Störungen, wie sie durch Temperaturschwankungen im Seismographenraum (s. Abschnitt 3.4) und durch Änderungen der Schwerkraft hervorgerufen werden, im Seismogramm nicht erscheinen. Verwendet man wieder das gleiche Galvanometer wie für HSJ-I, so können jetzt die wichtigsten Parameter von VSJ-I und HSJ-I, das sind die Eigenperioden und die Dämpfungen des mechanischen Empfängers und des Galvanometers, sowie der Vergrößerungsfaktor und der Rückwirkungsfaktor, übereinstimmen. Damit sind die Voraussetzungen für gleiche Aufzeichnungseigenschaften, das heißt für eine Identifikation der Amplituden- und Phasencharakteristiken erfüllt.

Ein unvermeidbarer Unterschied zwischen einem Horizontal- und einem Vertikalseismographen besteht allerdings in der Art der Aufhängung der Gehänge, da in der Komponente der Bodenbewegung, die vom Vertikalseismographen aufgezeichnet werden soll, die Schwerkraft wirkt. Mindestens ihr zeitlicher Mittelwert muß also kompensiert werden. Zeitliche Änderungen der Schwerkraft, beispielsweise die Erdgezeiten, können sich wie Bodenbeschleunigungen auswirken. Ein Vertikalseismograph ist jedoch gegen Neigungsschwingungen nicht so wie ein Horizontalseismograph empfindlich [14].

Bei der im Kapitel 2 ausgeführten Theorie des Vertikalseismographen wird die Kompensation der Schwerkraft in der stabilen Gleichgewichtslage des Gehänges durch eine Schraubenfeder erreicht. Durch geeignete Anordnung der Schraubenfeder kann man bei einer reduzierten Pendellänge von $l = 50$ cm — ein mathematisches Pendel dieser Länge würde eine Schwingungsdauer von ca. 1,4 s besitzen — eine Eigenperiode von 20 s und mehr erreichen. Die im Abschnitt 2.8.2 abgeleiteten speziellen Bedingungen für den Vertikalseismographen (210) und (211) präzisieren die Forderung, daß der mechanische Empfänger wenigstens in der Gleichgewichtslage $\eta = 0$ für horizontale Translationen unempfindlich ist. Bei Annahme einer festen Drehachse (s. Abschnitt 2.10) ergibt sich nur die eine Bedingung (275)

$$M\, \tilde{z}_2'(0) + m\, \tilde{r}_2(0) = 0 \,.$$

Diese Bedingung ist erfüllt, wenn der Massenmittelpunkt P' des starren Gehängeteiles und der gehängefeste Angriffspunkt R der Schraubenfeder in der horizontalen Ebene liegen, die auch den Punkt Y^* der Drehachse enthält, ganz gleich wie groß die Masse der Aufhängefeder ist:

$$\tilde{z}_2'(0) = \tilde{r}_2(0) = 0 \,. \tag{281}$$

Für die Konstruktion gibt es jetzt noch die beiden Möglichkeiten $r_1(0) > 0$ oder $r_1(0) < 0$ (s. Abb. 8). Für VSJ-I wurde die erste gewählt, weil dann der mechanische Empfänger die gleichen äußeren Abmessungen wie HSJ-I erhalten kann.

Da sich bei der Bewegung des Gehänges die Lage und Gestalt der Schraubenfeder ändert, wird das Trägheitsmoment des Gehänges vom Drehwinkel η ab-

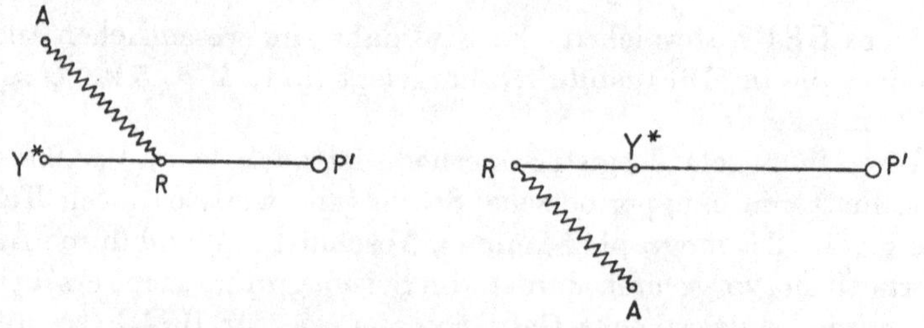

Abb. 8. Federanordnung für Vertikalseismographen

hängen. In der Bewegungsgleichung tritt dann ein $\dot{\eta}^2$ proportionaler Term auf [s. (267)]. Diese Abhängigkeit verschwindet nach (270), wenn die Abstände der Federangriffspunkte A und R vom Punkt Y^* gleich groß sind und wenn die Zusatzstücke entfallen, also $l_A = l_R = 0$. Der ersten Bedingung kann ohne Schwierigkeiten entsprochen werden, während man die zweite nicht berücksichtigen kann, da sonst die Anforderungen an die Federherstellung zu groß werden.

Auf die Erfüllung einer der beiden sich widersprechenden Forderungen an die Stellung der Blattfedern im Gelenk (211) und (219) wurde verzichtet. Wie schon gesagt, entfällt (211), wenn man eine feste Drehachse annimmt. Aus der zweiten ($h_2 = 0$) folgt $r_1(0) = a_1$. Das ist unter den Bedingungen (281) und $\gamma \approx 90°$ praktisch nicht zu erreichen.

3.2. Die Bewegungsgleichungen des elektrodynamischen Seismographen

Die elektrodynamische Registriermethode ist in der Veröffentlichung über HSJ-I [16] ausführlich dargestellt worden, so daß hier nur die wichtigsten Schritte und Ergebnisse wiedergegeben werden müssen. Am Gehänge des mechanischen Empfängers sind zwei Spulen befestigt, die in die Felder von gestellfesten Permanentmagneten tauchen. Diese Magnete sind nur beim ersten Modell, das in [18] vorgestellt wurde, nicht symmetrisch zum Gehänge angeordnet. In diesen Spulen werden bei einer Bewegung des Gehänges gegenüber dem Gestell Spannungsschwankungen induziert. Die erste Tauchspule ist mit dem Galvanometer, wobei noch die Widerstände R_1, R_2 und R_3 zur Anpassung und Empfindlichkeitsregelung zwischengeschaltet sind, verbunden (s. Abb. 9). Die zweite ist mit dem Widerstand R_D abgeschlossen und dient allein zur Dämpfung. R_{s1} und R_{s2} sind die inneren Widerstände der Tauchspulen. R_g ist der innere Widerstand des Galvanometers. Bei VSJ-I liegen die Achsen der Ringspaltmagnete in der 2-Richtung. Es ist also $f_1 = f_3 = 0$, $f_2 = 1$. Die Richtungen des Magnetfeldes und der Tauchspulenströme sind orthogonal zur 2-Richtung. Nach den Gesetzen über die Kraftwirkung magnetischer Felder auf stromdurchflossene Leiter ist das Moment der elektromagnetischen Kräfte

$$\varepsilon_{ij3}\,\tilde{n}_i\,N_j = -\,G_{s1}\,I_{s1} - G_{s2}\,I_{s2}\,. \tag{282}$$

Die Ströme in den Tauchspulen I_{s1} und I_{s2} sind so orientiert, daß ein positiver Strom der Gehängebewegung entgegenwirkt. Die elektrodynamischen Kon-

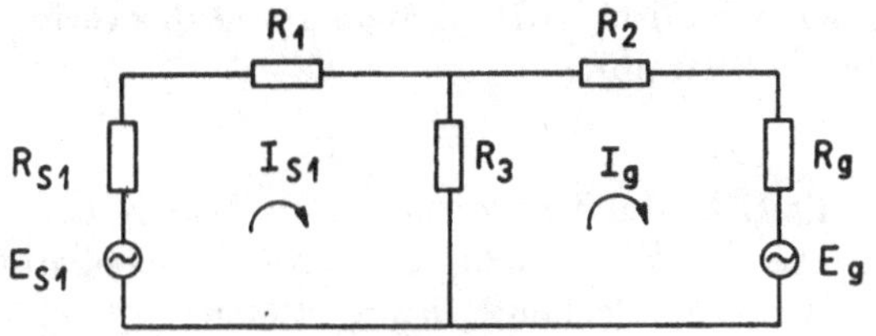

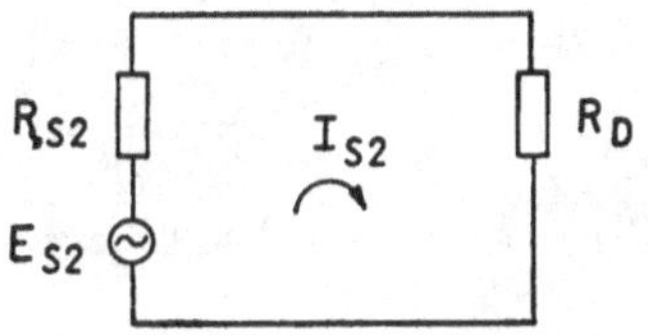

Abb. 9. Die elektrische Schaltung des Seismographen

stanten berechnen sich aus

$$G_s = w_s \lambda_s B_s \tilde{n}_1(0) , \tag{283}$$

wobei w_s die Anzahl der Windungen, λ_s die Länge einer Windung und B_s die magnetische Induktion im Luftspalt ist. Bei VSJ-I besitzen die Spulen etwa 600 Windungen aus Kupferdraht von 0,06 mm Durchmesser. Die elektrodynamischen Konstanten G_s betragen etwa 12 Vs, während der Widerstand einer Spule bei 300 Ω liegt. Führt man das in der obigen Theorie nicht berücksichtigte Moment der von der Luftreibung herrührenden Kräfte mit

$$- b_{s0} \dot{\eta} \tag{284}$$

ein, so ergibt sich aus der linearisierten Bewegungsgleichung (276), wenn man (277), (282) und (284) einführt:

$$\ddot{\eta} + \frac{b_{s0}}{Q} \dot{\eta} + \omega_s^2 \eta = - \frac{\ddot{\xi}_2}{l} - \frac{G_{s1} I_{s1}}{Q} - \frac{G_{s2} I_{s2}}{Q} . \tag{285}$$

Für das Galvanometer wird die bekannte lineare Differentialgleichung

$$\ddot{\psi} + \frac{b_{g0}}{Q_g} \dot{\psi} + \omega_g^2 \psi = \frac{G_g}{Q_g} I_g \tag{286}$$

angenommen [14, 16]. Q_g ist das Trägheitsmoment des beweglichen Systems des Galvanometers. b_{g0} ist der Koeffizient der Luftreibung, ω_g das 2π-fache der Eigenfrequenz, G_g die elektrodynamische Konstante und ψ die Auslenkung des Spiegels. Der Strom I_g ist so orientiert, daß ein positiver Strom auch eine positive Auslenkung hervorruft. Verwendet wird für HSJ-I ein Galvanometer vom Typ H-A5.1 (alte Bezeichnung H-01) des VEB Geophysikalischer Gerätebau Brieselang.

In den Spulen des mechanischen Empfängers und des Galvanometers werden bei ihrer Bewegung die Spannungen

$$E_{s1} = G_{s1}\,\dot\eta\,, \quad E_{s2} = G_{s2}\,\dot\eta\,, \quad E_g = -\,G_g\,\dot\psi \tag{287}$$

induziert [14, 16]. Mit Hilfe der KIRCHHOFFschen Regeln, der Gleichungen (287) und der Abb. 9 ergeben sich aus (285) und (286) die bekannten Differentialgleichungen des elektrodynamischen Seismographen:

$$\left.\begin{aligned} \ddot\eta + 2\,D_s\,\omega_s\,\dot\eta + \omega_s^2\,\eta &= -\,\frac{\ddot\xi_2}{l} + \frac{4\,D_s\,\omega_s\,D_g\,\omega_g\,\sigma^2}{k_g}\,\dot\psi\,, \\ \ddot\psi + 2\,D_g\,\omega_g\,\dot\psi + \omega_g^2\psi &= k_g\,\dot\eta\,. \end{aligned}\right\} \tag{288}$$

Dabei sind die Dämpfungsgrade

$$D_s = \frac{b_{s0}}{2\,Q\,\omega_s} + \frac{G_{s1}^2}{2\,Q\,\omega_s\,(R_{s1} + R_{as1})} + \frac{G_{s2}^2}{2\,Q\,\omega_s\,(R_{s2} + R_D)}\,, \tag{289}$$

$$D_g = \frac{b_{g0}}{2\,Q_g\,\omega_g} + \frac{G_g^2}{2\,Q_g\,\omega_g(R_g + R_{ag})}\,, \tag{290}$$

die äußeren Spulenwiderstände

$$R_{as1} = R_1 + \frac{R_3(R_g + R_2)}{R_g + R_2 + R_3}\,, \tag{291}$$

$$R_{ag} = R_2 + \frac{R_3(R_{s1} + R_1)}{R_{s1} + R_1 + R_2}\,, \tag{292}$$

der Übertragungsfaktor

$$k_g = \frac{G_{s1}\,G_g\,R_3}{Q_g\,[(R_{s1} + R_1)\,(R_g + R_2) + R_3\,(R_{s1} + R_g + R_1 + R_2)]} \tag{293}$$

und Rückwirkungsfaktor

$$\sigma = \frac{k_g}{2}\sqrt{\frac{Q_g}{D_s\,\omega_s\,D_g\,\omega_g\,Q}}\,. \tag{294}$$

Mit Hilfe des Systems (288) erhält man die sogenannte dynamische Vergrößerung $\mathfrak{V}$ des Seismographen, das heißt, die Vergrößerung, mit der eine harmonische Bodentranslation der Frequenz Ω aufgezeichnet wird, wenn der Einschwingvorgang abgeklungen ist,

$$\mathfrak{V} = \frac{L_g\,k_g}{D_g\,\omega_g\,l}\,\overline{W}(\Omega)\,, \tag{295}$$

wobei L_g die Lichtzeigerlänge des Galvanometers ist. $\overline{W}(\Omega)$ ist die normierte Amplitudencharakteristik des Seismographen

$$\overline{W}(\Omega) = \\ = \frac{2\,D_g\,\omega_g\,\Omega^3}{\sqrt{[(\Omega^2-\omega_s^2)\,(\Omega^2-\omega_g^2)-4\,D_s\,D_g\,\omega_s\,\omega_g\,\Omega^2\,(1-\sigma^2)]^2+4\,\Omega\,[D_g\,\omega_g\,(\Omega^2-\omega_s^2)+D_s\,\omega_s\,(\Omega^2-\omega_g^2)]^2}}\,. \tag{296}$$

Die Phasencharakteristik $\bar{\gamma}(\Omega)$ gibt die Phasenverschiebung der Aufzeichnung einer harmonischen Bodenbewegung gegenüber der Erregung:

$$\tan \bar{\gamma} = -\frac{(\Omega^2 - \omega_s^2)(\Omega^2 - \omega_g^2) - 4 D_s D_g \omega_s \omega_g \Omega^2 (1 - \sigma^2)}{2 \Omega [D_g \omega_g (\Omega^2 - \omega_s^2) + D_s \omega_s (\Omega^2 - \omega_g^2)]}. \quad (297)$$

Der Vergrößerungsfaktor ist definiert durch

$$V_0 = \frac{L_g k_g}{D_g \omega_g l}. \quad (298)$$

Mit (294) ergibt sich

$$V_0 = \frac{2\sigma L_g}{l} \sqrt{\frac{D_s \omega_s Q}{D_g \omega_g Q_g}}. \quad (299)$$

Es sollen nun nicht nur die drei Komponenten des Seismographensatzes einer Station, sondern auch die Sätze mehrerer Stationen die gleiche Amplituden- und Phasencharakteristik besitzen. Das würde bedeuten, daß alle in (296) und (297) vorkommenden Parameter des mechanischen Empfängers und des Galvanometers identisch sein müssen. Für die Dämpfung und die Eigenperiode des mechanischen Empfängers bereitet das keine Schwierigkeit. Es wird ebenso wie für HSJ-I festgelegt:

$$T_s = \frac{2\pi}{\omega_s} = 20 \text{ s}, \qquad D_s = 0{,}5. \quad (300)$$

Da die Eigenperioden der Galvanometer nicht regulierbar sind und sich oft erheblich voneinander unterscheiden, wird für die Dämpfung des Galvanometers

$$D_g = \frac{\omega_g}{2 \omega_s} \quad (301)$$

gefordert. Mit (300) und

$$T_g = \frac{2\pi}{\omega_g} \quad (302)$$

folgt

$$D_g = \frac{10}{T_g}. \quad (303)$$

Wie schon bereits in [16] und dann noch ausführlich in [15] gezeigt, sind die Differenzen in der Amplituden- und Phasencharakteristik für Bodenperioden größer als 1 s belanglos, auch wenn die Galvanometerperioden im Intervall von 1,0 bis 1,5 s streuen.

Die Amplituden- und die Phasencharakteristik für die normale Abstimmung sind in Abb. 10 dargestellt. Darin ist $T_g = 1$ s angenommen. Die gestrichelte Kurve gilt für $\sigma^2 = 0{,}1$. Die Phasencharakteristik ändert sich für diesen Wert nicht so, daß es in der Zeichnung zu sehen ist. Selbstverständlich können mit dem mechanischen Empfänger von VSJ-I auch andere Charakteristiken erreicht werden, wozu dann nötigenfalls andere Galvanometer verwendet werden müssen [13]. Im Normalfall wird $V_0 = 1000$ gewählt, dann ist auch $\sigma^2 < 0{,}1$. Bemessungsregeln für den Empfindlichkeitsregler sind in [16] gegeben und sollen hier nicht wiederholt werden.

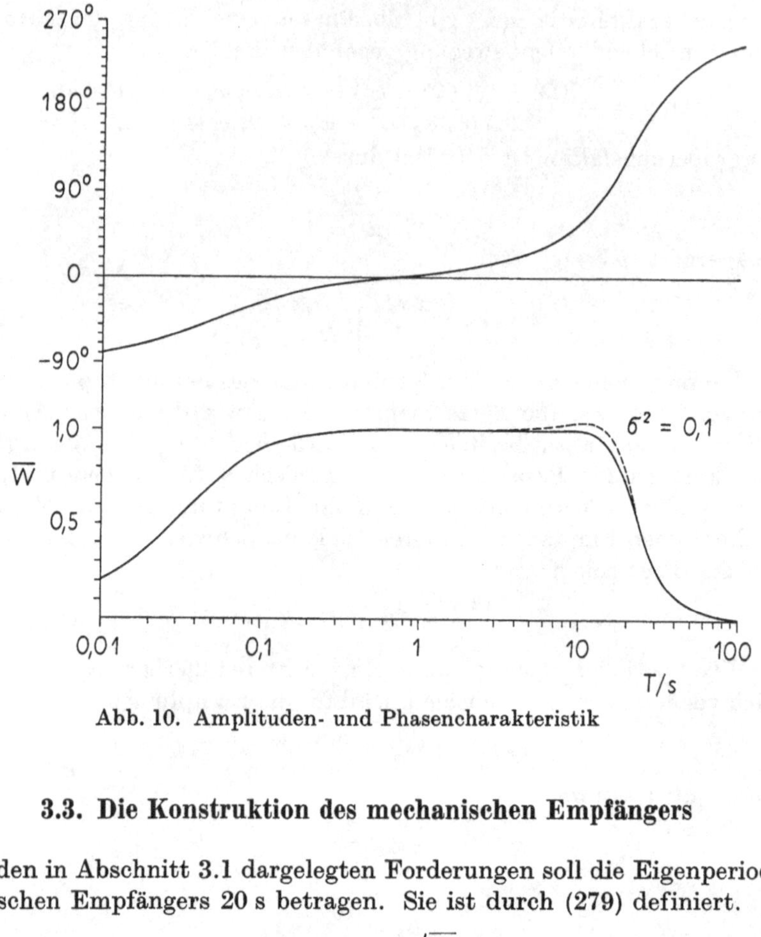

Abb. 10. Amplituden- und Phasencharakteristik

3.3. Die Konstruktion des mechanischen Empfängers

Nach den in Abschnitt 3.1 dargelegten Forderungen soll die Eigenperiode des mechanischen Empfängers 20 s betragen. Sie ist durch (279) definiert.

$$T_s = 2\pi N \sqrt{\frac{l}{g}}\,,$$

wobei der Periodenverlängerungsfaktor N durch (263) gegeben ist. Da $l \approx 50\,\mathrm{cm}$ sein soll, muß $N^2 \approx 200$, damit $T_s = 20$ s ist. Falls die Blattfederkräfte in der Drehachse vernachlässigbar sind, die spezifische Bedingung (275) erfüllt ist und $l_Z = -l_F$, erhält man

$$N^{-2} = \cot\gamma\,. \tag{304}$$

Danach müßte $\gamma \approx 89{,}7°$ sein (siehe auch Abschnitt 3.7).

Eine vereinfachte Seitenansicht des mechanischen Empfängers zeigt Abb. 11. Eine Photographie ist in Abb. 12 zu sehen. Der gesamte Empfänger ist auf einer Grundplatte {1} aus Aluminiumguß montiert. Die Ösen der Fußschrauben sind an die Grundplatte angegossen. Die drei Fußschrauben {2} bilden ein gleichschenkliges Dreieck. Die Basis des Dreiecks ist 474 mm lang. Seine Höhe

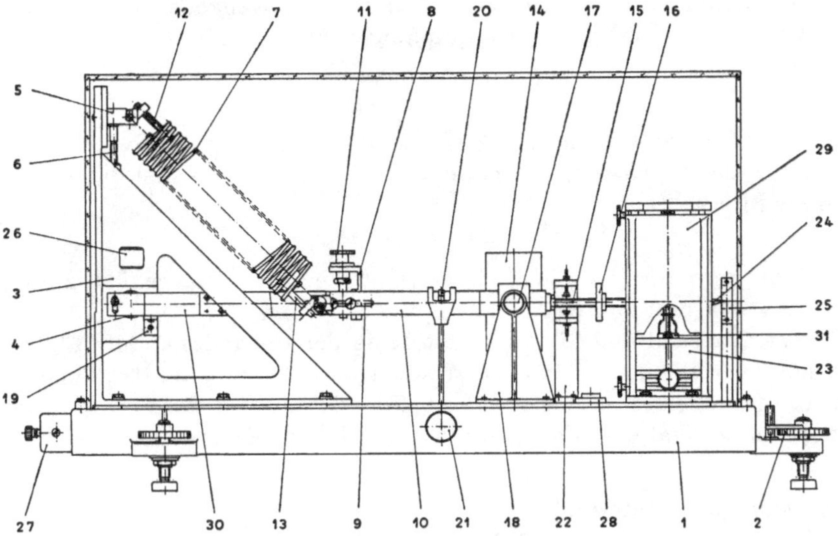

Abb. 11. Seitenansicht des mechanischen Empfängers (schematisch)

Abb. 12. Der mechanische Empfänger VSJ-I

beträgt 835 mm. Die Fußschrauben besitzen eine Ganghöhe von 0,5 mm. Bei einer Umdrehung wird daher der Empfänger um

$$\Delta\varphi = 0{,}0005988 = 2{,}06' \tag{305}$$

geneigt.

Die Grundplatte trägt den Bock {3}, an dem sich die gestellfesten Einklemmstellen für die Blattfedern {4} befinden. Der Neigungswinkel der Blattfedern kann im Intervall

$$125^\circ < \nu < 185^\circ \tag{306}$$

eingestellt werden. Die Blattfedern haben eine freie Länge $\lambda = 2$ mm, eine Dicke $\delta = 0{,}06$ mm und eine Breite β von je 18 mm.

Der Vertikalschlitten {5} kann mit Hilfe der Gewindespindel {6}, die eine Ganghöhe von 0,5 mm besitzt, verschoben werden. Er gestattet die Verschiebung des gestellfesten Aufhängpunktes A der Schraubenfeder {7}. Der Punkt A liegt genau vertikal über der Drehachse durch Y^*. Es ist daher

$$\tilde{a}_1 = 0\,. \tag{307}$$

Ferner kann $\tilde{a}_2$ im Intervall

$$217 < \tilde{a}_2 < 273 \text{ mm} \tag{308}$$

variiert werden. Durch Verschiebung von A um da_2 wird also der Winkel γ und damit die Eigenperiode nicht geändert. Es ändert sich nur die Gleichgewichtslage um $d\eta_a$. Um die Gleichgewichtsbedingung

$$M_3\,(d\eta_a, a_2 + da_2) = 0 \tag{309}$$

zu erfüllen, muß

$$\frac{\partial M_3(0, a_2)}{\partial \eta}\, d\eta_a + \frac{\partial M_3(0, a_2)}{\partial a_2}\, da_2 = 0 \tag{310}$$

sein. Nach (256) ist für $l_Z + l_F = 0$

$$\frac{\partial M_3(0, a_2)}{\partial a_2} = \varkappa_*\, \tilde{r}_1(0)\,. \tag{311}$$

Mit Hilfe von (256), (261), (264), (307) ergibt sich dann

$$d\eta_a = N^2 \frac{d\,\tilde{a}_2}{\tilde{a}_2}\,. \tag{312}$$

Da $\tilde{a}_2 \approx 250$ mm, errechnet sich für eine Umdrehung ein Ausschlag $d\eta_a = 1{,}2$, das sind 57°. Die Gewindespindel {6} kann also nur zur Grobeinstellung benutzt werden. Der gehängefeste Aufhängepunkt R der Schraubenfeder kann horizontal mit dem Schlitten {8}, der in der Langlochführung {9} läuft, und vertikal mit der Gewindespindel {11}, die eine Ganghöhe von 0,5 mm besitzt, verschoben werden. Für die Koordinaten von R stehen die Intervalle

$$215 < \tilde{r}_1(0) < 275 \text{ mm}, \qquad -13 < \tilde{r}_2(0) < 11 \text{ mm} \tag{313}$$

zur Verfügung. Falls $\tilde{r}_1(0) = 245$ mm, kann γ in den Grenzen

$$87{,}4^\circ < \gamma < 93^\circ \tag{314}$$

variiert werden. Unter den Bedingungen von Gleichung (304) ist daher die kleinste einstellbare Eigenperiode 7 s.
Die Änderung der Eigenperiode mit dem Winkel γ berechnet man mit Hilfe von (279):

$$\frac{dT_s}{d\gamma} = -\frac{T_s N^2}{2} \frac{d N^{-2}}{d\gamma}. \tag{315}$$

Falls $l_F = -l_Z$ ergibt sich bei Vernachlässigung der Blattfeder mit (263)

$$\frac{dT_s}{d\gamma} = \frac{T_s N^2}{2 \sin^2 \gamma}. \tag{316}$$

Ist der mechanische Empfänger bereits auf etwa 20 s abgestimmt, so bewirkt eine viertel Umdrehung der Gewindespindel {11} eine Änderung der Eigenperiode von etwa 1 s.

Die Zusatzstücke {12} und {13} dienen der richtigen Kompensation der Federvorspannung. Sie sind veränderlich im Intervall

$$16 < l_R,\ l_A < 45 \text{ mm}. \tag{317}$$

Das Gehänge {10} besteht aus einem Aluminiumgußrahmen. Dieser Rahmen trägt die zylindrische Masse {14} und den Stab {15}, an dem die Tauchspulen {31} befestigt sind. Auf dem Stab {15} kann das Gewicht {16} mit der Masse $m_g = 141$ g durch Drehung hin und her bewegt werden. Eine Umdrehung entspricht einer Verschiebung von 1 mm. Wenn $\tilde{z}_i''$ die $\mathfrak{S}$-Koordinaten des Vektors von Y^* zum Massenmittelpunkt von m_g sind, so kann $\tilde{z}_1''(0)$ im Intervall

$$559 < \tilde{z}_1''(0) < 666 \text{ mm} \tag{318}$$

variiert werden. Bei einer Verschiebung um $d\tilde{z}_1''$ ändert sich die Gleichgewichtslage um $d\eta_z$. Die Gleichgewichtsbedingung $M_3(d\eta_z, \tilde{z}_1'' + d\tilde{z}_1'') = 0$ liefert

$$\frac{\partial M_3(0, \tilde{z}_1'')}{\partial \eta} d\eta_z + \frac{\partial M_3(0, \tilde{z}_1'')}{\partial \tilde{z}_1''} d\tilde{z}_1'' = 0. \tag{319}$$

Nach (256) ist

$$\frac{\partial M_3}{\partial \tilde{z}_1''} = -m_g g. \tag{320}$$

Mit Hilfe von (264) erhält man

$$d\eta_z = -N^2 \frac{m_g d\tilde{z}_1''}{M \tilde{z}_1'(0) + m \tilde{r}_1(0)}. \tag{321}$$

Da $M \tilde{z}_1'(0) + m \tilde{r}_1(0) \approx 210$ kg cm ist, ergibt eine Umdrehung des Gewichtes {16} einen Ausschlag $d\eta_z \approx 0{,}0135$, das sind etwa 0,8°. Mit dem Zeiger {24} würde dann auf der gestellfesten Skala {25} ein Ausschlag von etwa 10 mm abgelesen werden.

Zur Korrektur kleiner Nullpunktverlagerungen ist auf dem Gehänge ein Reiter {20} mit der Masse 1,3 g aufgesetzt. Er kann durch den Rändelknopf {21} auf dem Gehänge um 8 cm verschoben werden. Nach (321) bewirken 10 mm Verschiebung einen Ausschlag von 0,08°, das sind am Zeiger {24} etwa 1 mm.

Beim Transport kann die Masse {14} durch zwei Schrauben {17} mit Klemmbacken am Lagerbock {18} arretiert werden. Das Gehänge wird zusätzlich durch die Winkel {19} am Bock {3} befestigt. Die Blattfedern an den Aufhängevorrichtungen {12} und {13} können durch Schrauben gegen Bruch gesichert werden.

In der Nähe der Masse befindet sich die Ausschlagbegrenzung {22}. Sie wird so eingestellt, daß die Spulen ein Spiel von $\pm$ 3 mm haben.

In einer Entfernung von 70 cm von der Drehachse sind die Tauchspulen angebracht. Die beiden Stangen für die Tauchspulen bestehen aus eisenfreiem Messing. Die Ringspaltmagnete {23} sind mittels Schlittenführung in zwei zur Spulenbewegung orthogonalen Richtungen verstellbar. Sie sind so zu justieren, daß die Spulen nicht in den Ringspalten reiben. Die Magnetsysteme lassen sich auch in der Bewegungsrichtung der Spulen verschieben. In ihrer endgültigen Stellung werden sie durch je 4 Schrauben fixiert.

In der Nähe der Drehachse ist am Gehänge ein Spiegel und am Bock eine Linse mit einer Brennweite von 130 cm sowie ein Umlenkprisma {26} angebracht. Diese Einrichtung erleichtert die Eicharbeiten. Da die Galvanometerlinse eine Brennweite von 100 cm hat, kann man bei der Eichung das Galvanometer vor den Empfänger stellen und die Bewegungen der Spiegel des Gehänges und des Galvanometers auf einem Film registrieren.

Die von den Tauchspulen kommenden Leitungen sind am Gehänge bis in die Nähe der Drehachse geführt. Dort werden die Leitungen über je zwei Drahtwendel auf das Gestell übergeführt. An der Grundplatte befindet sich ein Kästchen {27}, in dem die Widerstände des Empfindlichkeitsreglers und der Dämpfungseinrichtung untergebracht sind. Die Kontakte sind so nach außen geführt, daß durch Lösen von zwei Kurzschlußbügeln das Instrument entdämpft werden kann.

Der gesamte Empfänger wird mit einer Haube aus durchsichtigem Kunststoff (Piacryl) abgedeckt.

3.4. Die Schraubenfeder

3.4.1. Der Temperaturkoeffizient des Federmaterials

Da langperiodische Vertikalseismographen gegen Temperaturschwankungen der Umgebung stark empfindlich sind, wurde in Abschnitt 2.4.3 die Temperaturempfindlichkeit diskutiert. Die dort erhaltene Formel, die unter Berücksichtigung des Blattfedergelenkes abgeleitet wurde, soll durch für VSJ-I erlaubte Vernachlässigungen vereinfacht werden. Aus (101) bis (103) folgt unter Beachtung von (249)

$$\frac{\partial W}{\partial y} = -\frac{\lambda q}{2}\frac{\partial V}{\partial y}, \tag{322}$$

$$\frac{\partial W}{\partial \eta} = \frac{\lambda^2 q}{4}\frac{\partial V}{\partial y}\left(1 + \frac{1-q}{p^2 q^2}\right). \tag{323}$$

Aus (86) ergibt sich mit (96) und (101)

$$\varkappa_0 = -\frac{\lambda\,(1-q)\,h_2}{r_1(0)-a_1}\,\frac{\partial V}{dy}\,. \tag{324}$$

Beim VSJ-I ist nun sicher die Blattfederlänge $\lambda \ll r_1(0)$, a_2. Wenn man die Beziehungen (322) bis (324) in (126) einsetzt, kann man alle Glieder, die λ enthalten, vernachlässigen und erhält unter Beachtung von (88)

$$\bar{\eta}(\vartheta) \approx \frac{1}{D}\left(\alpha + \frac{d\varkappa}{\varkappa_0\,d\vartheta}\right)\vartheta\, g\,[M\, z_1'(0) + m\, r_1(0)]\,\frac{\partial V}{\partial y}\,. \tag{325}$$

Eine brauchbare Näherung für die Größe D findet man mit Hilfe der Beziehung (226). Zunächst folgt aus (215)

$$C_{11} + C_{22} = H^0_{,1,1}\, g_{22} + H^0_{,2,2}\, g_{11} - 2\, H^0_{,1,2}\, g^0_{12}\,. \tag{326}$$

Wenn man die spezifische Bedingung (210) näherungsweise als erfüllt voraussetzt, und wenn man (118) sowie (183) in (326) einsetzt, führt wiederum die Vernachlässigung von Gliedern der Größenordnung λ zu

$$C_{11} + C_{22} \approx \frac{\partial V}{\partial y}\left\{M\, z^2 + \frac{1}{3}\, m_*\, [(1-\chi_0)\, r^2 + \chi_0(L^{0}_{,1})]\right\}. \tag{327}$$

Mit (270) folgt dann, da sich die Größen mit Zirkumflex nur um höchstens λ von denen ohne unterscheiden,

$$C_{11} + C_{22} \approx Q\,\frac{\partial V}{\partial y}\,. \tag{328}$$

Wenn man

$$\omega_I \equiv \omega_s \tag{329}$$

setzt, erhält man aus (226) mit (274), (277) und (328)

$$D \approx \frac{1}{\mathbf{N}^2}\,[M\, z_1'(0) + m\, r_1(0)]\, g\,\frac{\partial V}{\partial y}\,. \tag{330}$$

Damit hat sich die komplizierte Beziehung (126) wesentlich vereinfacht:

$$\bar{\eta}(\vartheta) \approx \mathbf{N}^2\left(\alpha + \frac{d\varkappa}{\varkappa_0\,d\vartheta}\right)\vartheta\,. \tag{331}$$

Zu dem gleichen Ergebnis würde man auch bei Benutzung der Formeln des Abschnittes 2.10 gelangen, da die Gleichgewichtsbedingung (261) auch bei einer Temperatur ϑ in der neuen Lage $\bar{\eta}$ erfüllt sein muß:

$$\frac{\partial M_3}{\partial \vartheta}\,\vartheta + \frac{\partial M_3}{\partial \eta}\,\bar{\eta}(\vartheta) = 0\,. \tag{332}$$

Aus dieser Bedingung ist mit (122), (264) und (256) die Beziehung (331) leicht zu verifizieren.

Nach Abschnitt 3.3 werden die Ausschlagbegrenzungen so eingestellt, daß die Spulen ein Spiel von $\mp$ 3 mm haben. Es kann daher η nur innerhalb der Grenze

$$|\eta| < 4{,}3 \cdot 10^{-3} \tag{333}$$

liegen. Wenn also Temperaturschwankungen von $\mp$ 1 °C zugelassen werden sollen, muß

$$\left|\alpha + \frac{d\varkappa}{\varkappa_0\, d\vartheta}\right| < 2 \cdot 10^{-5} . \tag{334}$$

Der Ausdehnungskoeffizient des Aluminiums beträgt

$$\alpha \approx 2 \cdot 10^{-5} . \tag{335}$$

Der Temperaturkoeffizient der Federkonstanten ist im wesentlichen durch den Temperaturkoeffizienten des Gleitmoduls bestimmt. Für gewöhnlichen Federstahl liegt dieser bei -2 bis $-5 \cdot 10^{-4}$. Es muß also zu einer Speziallegierung gegriffen werden, die im Idealfall so beschaffen sein sollte, daß

$$\frac{d\varkappa}{\varkappa_0\, d\vartheta} = -\alpha . \tag{336}$$

Es gibt eine Reihe von Speziallegierungen [21], bei denen der Temperaturkoeffizient des Elastizitätsmoduls, der sich von dem des Gleitmoduls nicht wesentlich unterscheidet, durch geeignete thermische Behandlung sehr geringe negative und sogar auch positive Werte erreichen kann. Für den VSJ-I stand die Eisen-Nickel-Titanlegierung Ni-Span C zur Verfügung. Diese im Institut für metallische Spezialwerkstoffe hergestellte Legierung erhält den gewünschten Temperaturkoeffizienten des Elastizitätsmoduls durch eine Ausscheidungshärtung bei etwa 700 °C. Diese muß allerdings vor dem Wickeln der Feder durchgeführt werden, weil sonst die unbedingt notwendige eingewickelte Vorspannung verloren gehen würde. Das Wickeln der Feder nach der Ausscheidungshärtung ist nicht ohne Einfluß auf den Temperaturkoeffizienten. Die Technologie der Federherstellung war daher mit großen Schwierigkeiten verbunden. Die experimentelle Bestimmung des Temperaturkoeffizienten vom fertigen Seismographen ist ebenfalls nicht einfach, da Feder und Seismographengestell den Temperaturschwankungen unterschiedlich folgen. Ausführlich sind diese Probleme in [19] diskutiert worden. Dort wird auch die zusätzliche Kompensation durch einen Bimetallstreifen beschrieben. Viele Versuche führten schließlich zu einem recht guten Ergebnis. Es wurde erreicht, daß der Temperaturkoeffizient

$$\left|\alpha + \frac{d\varkappa}{\varkappa_0\, d\vartheta}\right| < 4 \cdot 10^{-6}$$

ist. Damit könnten schon Temperaturschwankungen von $\mp$ 5 °C im Seismographenraum zugelassen werden. Eine so große tägliche Schwankung wird wohl kaum auftreten.

3.4.2. Die Berechnung der Schraubenfeder

Nach (67) ist mit (240) die in R am Gehänge angreifende Federkraft

$$R_i = -\varkappa_*\left(1 - \frac{l_F + l_Z}{L}\right)(\tilde{r}_i - \tilde{a}_i) , \tag{337}$$

wobei nach (33)

$$L^2 = (\tilde{r}_i - \tilde{a}_i)(\tilde{r}_i - \tilde{a}_i)\,. \tag{338}$$

L ist die Entfernung der Punkte A und R. Die Federlänge Λ ist durch (37)

$$\Lambda = L - l_Z$$

gegeben. Stellt man die Längen der Zusatzstücke so ein, daß sie die Vorspannlänge l_F der Feder genau kompensieren, also

$$l_Z = l_A + l_R = -\,l_F\,, \tag{339}$$

so ist der Betrag der in R angreifenden Federkraft

$$P_F = \sqrt{R_i\,R_i} = \varkappa_*\,L\,. \tag{340}$$

Die Federkonstante $\varkappa_*$ berechnet man nach [22] aus

$$\varkappa_* = \frac{G_F\,d_F^4}{8\,D_F^3\,i_F}\,, \tag{341}$$

wobei G_F der Gleitmodul des Federmaterials, d_F der Durchmesser des Federstahldrahtes, D_F der mittlere Durchmesser einer Windung und i_F die Anzahl der Windungen ist. Ist τ_M die maximal zulässige Schubspannung, so kann die Feder höchstens mit der Kraft

$$P_{FM} = \frac{\pi\,d_F^3\,\tau_M}{8\,D_F} \tag{342}$$

belastet werden [22]. Damit eine genügende Sicherheit vorhanden ist und die Feder nicht zu große Setzungserscheinungen zeigt, wird zur Federberechnung

$$P_F = \frac{P_{FM}}{2} \tag{343}$$

festgelegt. Die Größe τ_M bestimmt man nach [22] aus der Zugfestigkeit σ_B

$$\tau_M = 0{,}45\,\sigma_B\,. \tag{344}$$

Aus (37) und (337) erhält man die Abhängigkeit der Federkraft von der Federlänge

$$P_F = \varkappa_*\,(\Lambda - l_F)\,. \tag{345}$$

Graphisch wird diese Abhängigkeit im Belastungsdiagramm dargestellt. Da die Feder mit Vorspannung gewickelt wird, liegen im unbelasteten Zustand die Windungen aneinander und die Federlänge beträgt

$$\Lambda_0 = i_F\,d_F\,. \tag{346}$$

Das Belastungsdiagramm kann natürlich nur für $\Lambda > \Lambda_0$ experimentell aufgenommen werden. Solange $P_F < P_{FM}$, ist es außer für $\Lambda \approx \Lambda_0$ eine Gerade. Verlängert man sie über Λ_0 hinaus, so ergibt der Schnittpunkt mit der Abszisse die Vorspannlänge l_F. Aus dem Diagramm erhält man ferner die Kraft P_0, die gerade zum Öffnen der Feder benötigt würde, wenn (345) auch noch für $\Lambda = \Lambda_0$ gelten würde,

$$P_0 = \varkappa_*\,(i_F\,d_F - l_F)\,. \tag{347}$$

Im technischen Schrifttum wird P_0 als innere Vorspannkraft der Feder bezeichnet. Nach [22] kann man einer Feder nur ein Viertel der maximalen Belastung P_{FM} als innere Vorspannung einwickeln. Es wird daher als weitere Bedingung zur Federberechnung

$$P_0 = \frac{P_{FM}}{4} \tag{348}$$

angesetzt. Mit (307) ist

$$\varepsilon_{ij3}\, \tilde{r}_i(0)\, \tilde{a}_j = \tilde{r}_1(0)\, \tilde{a}_2 \,. \tag{349}$$

Da nach Abschnitt 3.1 die Entfernung der Federangriffspunkte von der Drehachse gleich groß und $\gamma \approx 90°$ sein soll, folgt

$$\tilde{a}_2 = \tilde{r}_1(0) = \frac{L}{\sqrt{2}} \tag{350}$$

und

$$\varepsilon_{ij3}\, \tilde{r}_i(0)\, \tilde{a}_j \approx \frac{L^2}{2} \,. \tag{351}$$

Aus der Gleichgewichtsbedingung (262) ergibt sich mit (340) jetzt als weitere wichtige Bedingung

$$P_F = \frac{2\, g\, [M\, \tilde{z}_1'(0) + m\, \tilde{r}_1(0)]}{L} \,. \tag{352}$$

Damit liegen zur Federberechnung die 4 Bedingungsgleichungen (340), (343), (348) und (352) vor. Gesucht sind die Größen d_F, D_F, i_F, L, P_F und l_Z. Die Feder muß nun in den mechanischen Empfänger eingebaut werden können. Da a_2 und $\tilde{r}_1(0)$ nur in den Grenzen (308) bzw. (313) variieren können, gilt wegen (350) für L die Beschränkung

$$305 < L < 385 \text{ mm} \,. \tag{353}$$

Ferner muß die Federvorspannung durch die Zusatzstücke kompensiert werden können. Aus (317) und (339) folgt somit

$$-90 < l_Z < -32 \text{ mm} \,. \tag{354}$$

Für Ni-Span C ist etwa mit folgenden Materialparametern zu rechnen [21]

$$G_F \approx 7200 \text{ kp/mm}^2 \,, \tag{355}$$

$$\sigma_B \approx 140 \text{ kp/mm}^2 \,. \tag{356}$$

Nach (344) gilt dann

$$\tau_M \approx 60 \text{ kp} \,. \tag{357}$$

Aus (348) ergibt sich mit (341), (342), (347)

$$\frac{D_F^2}{d_F^2} = \frac{4\, G_F}{\pi\, \tau_M}\left(1 - \frac{l_F}{i_F\, d_F}\right). \tag{358}$$

Da nach (354) $l_F < 0$, muß

$$\frac{D_F^2}{d_F^2} > \frac{4\, G_F}{\pi\, \tau_M} \,. \tag{359}$$

Mit (355) und (357) erhält man dann die Bedingung

$$\frac{D_F}{d_F} > 12{,}4\,. \tag{360}$$

Aus (342), (343), (352) und (359) folgt

$$d_F^2 > \frac{64\,g\,[M\tilde{z}_1'(0) + m\tilde{r}_1(0)]}{L\,\pi\,\tau_M}\sqrt{\frac{G_F}{\pi\,\tau_M}}\,. \tag{361}$$

Nach Abschnitt 3.6 ist

$$g\,[M\,\tilde{z}_1'(0) + m\,\tilde{r}_1(0)] \approx 2100\ \text{kp mm}\,. \tag{362}$$

Wird ferner im Einklang mit (353) $L \approx 350$ mm angenommen, so müßte gemäß (361)

$$d_F > 3{,}5\ \text{mm} \tag{363}$$

sein.

Zur Berechnung der Schraubenfeder wird daher in Erfüllung von (354) und (363)

$$l_F = -45\ \text{mm}\,, \tag{364}$$

$$d_F = 4\ \text{mm} \tag{365}$$

angenommen. Die noch unbekannten 4 Größen können jetzt bestimmt werden. Aus (342), (343) und (352) ergibt sich

$$L = \frac{32\,D_F\,g\,[M\tilde{z}_1'(0) + m\,\tilde{r}_1(0)]}{\pi\,d_F^3\,\tau_M}\,. \tag{366}$$

Weiterhin erhält man aus (340), (341), (352) und (366)

$$i_F = \frac{64\,G_F\,g\,[M\tilde{z}_1'(0) + m\tilde{r}_1(0)]}{\pi^2\,D_F\,d_F^2\,\tau_M^2}\,. \tag{367}$$

Nunmehr kann D_F aus (358) und (367) berechnet werden,

$$D_F^2 + \frac{\pi\,d_F^3\,\tau_M\,l_F}{16\,g\,[M\,\tilde{z}_1'(0) + m\,\tilde{r}_1(0)]}\,D_F = \frac{4\,G_F\,d_F^2}{\pi\,\tau_M}\,. \tag{368}$$

Mit (355), (356), (362), (364), (365) folgt jetzt aus (368), (366), (341), (340) und (367)

$$D_F = 58\ \text{mm}\,,\quad L = 323\ \text{mm}\,,\quad \varkappa_* = 40{,}2\ \text{kp/m}\,,\quad P_F = 13{,}0\ \text{kp}\,,\quad i_F = 29{,}4\,. \tag{369}$$

Die Bedingung (353) ist damit erfüllt. Die Windungszahl i_F wurde auf

$$i_F = 30$$

abgerundet.

Um möglichst wenig Vorspannung in die Feder einwickeln zu müssen, werden die Enden als eingebogene Schenkel ausgeführt und nicht wie sonst üblich als Öse.

3.4.3. Die Prüfung der Schraubenfeder

Zur Prüfung der Schraubenfeder ist ihr Belastungs-Dehnungs-Diagramm aufzunehmen. Vor Beginn der Messung empfiehlt es sich, die Feder einige Stunden mit 13 kp belastet hängen zu lassen. Dann wird die Feder mit 5 kp beginnend in Schritten von 1 kp bis zu 13 kp belastet. Es wird die Funktion

$$P_F = P_F(\Lambda) \tag{370}$$

aufgetragen, wobei Λ zwischen den Drahtmitten der Federenden gemessen wird. Der gerade Teil des Diagramms, der vor 8 kp Belastung erreicht ist, wird über die Abszisse hinaus verlängert (s. Abb. 13). Man erhält so die Vorspannlänge l_F, die in den Grenzen (354) zu liegen hat. Für die eingebaute Feder muß die Gleichgewichtsbedingung (352) erfüllt sein. Mit (37) und (362) lautet sie

$$P_F = \frac{4200}{\Lambda - l_F}. \tag{371}$$

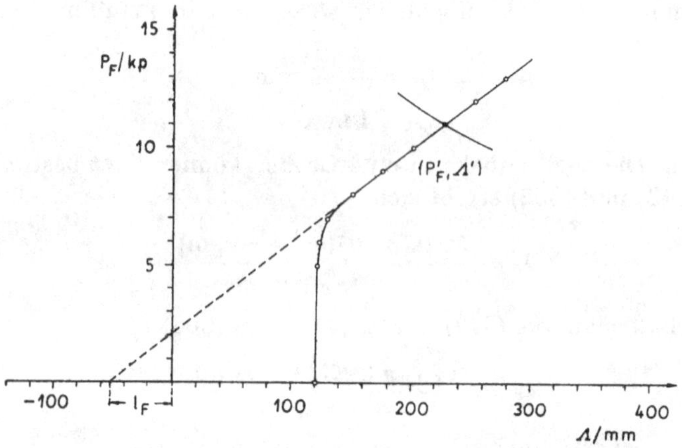

Abb. 13. Belastungs-Dehnungs-Diagramm der Schraubenfeder

Diese Funktion ist in das Belastungs-Dehnungs-Diagramm einzuzeichnen. Sie schneidet die Federkennlinie im Punkte (P'_F, Λ'). Die Feder ist verwendbar, wenn außer (354) auch die Bedingung (353) für $L' = \Lambda' - l_F$ erfüllt ist. Für das in Abb. 13 gegebene Beispiel ist $l_F = -53$ mm und $L' = 327$ mm. Die Feder hat einen mittleren Windungsdurchmesser von 57,5 mm und eine Masse $m_* = 559$ g. Die Federkonstante ist $\varkappa_* = 39{,}4$ kp/m. Damit berechnet sich jetzt der Gleitmodul aus (341):

$$G_F = 7020 \text{ kp/mm}^2 .$$

Die Temperaturempfindlichkeit des mechanischen Empfängers wird überprüft, indem nach Einbau der Feder und Abgleich der Eigenperiode auf 20 s (s. Abschnitt 3.5) das Gerät in einem Raum aufgestellt wird, dessen Temperatur innerhalb von etwa 20 bis 30 min um etwa 1 °C erhöht wird. Die Änderung der Gleichgewichtslage des Gehänges darf dann an der Skala {25} 3 mm/°C nicht überschreiten.

3.4.4. Oberschwingungen der Schraubenfeder

Bei einem elastischen Körper wie ihn eine Schraubenfeder darstellt, können auch die höheren Eigenfrequenzen angeregt werden. Zu deren Abschätzung wird angenommen, daß man die Schraubenfeder als einen elastischen Stab betrachten kann. Dieser Stab soll in seiner Achsrichtung frei schwingen können. An einem Ende ist er eingespannt und am anderen mit einer Masse belastet. Wenn diese Masse groß gegen die Eigenmasse m_* der Feder ist, ergibt sich nach [20] für die Frequenzen der 1. Oberschwingung

$$f_0 = \frac{1}{2} \sqrt{\frac{\varkappa_0}{m_*}} . \tag{372}$$

Für die verwendete Feder errechnet sich $f_0 \approx 13$ Hz. Im Abschnitt 3.9 wird bei den Schütteltischversuchen gezeigt, daß bei dieser Frequenz die Feder in Resonanz gerät und somit der Meßbereich des Seismographen nach oben begrenzt wird.

3.5. Die Justierung des mechanischen Empfängers

Vor der Justierung des mechanischen Empfängers ist die Schraubenfeder nach der im Abschnitt 3.4.3 gegebenen Vorschrift zu prüfen. Aus (37) und (350) berechnet sich dann

$$\tilde{a}_2 = \tilde{r}_1(0) = \frac{\Lambda - l_F}{\sqrt{2}} . \tag{373}$$

Mit (307) und (259) ist

$$\tilde{r}_1(0) = \tilde{r} \sin \gamma , \qquad \tilde{r}_2(0) = \tilde{r} \cos \gamma , \qquad \tilde{a}_1 = 0 , \qquad \tilde{a}_2 = \tilde{a} . \tag{374}$$

Aus (127) ergibt sich mit (86) und (96) für den Neigungswinkel der Blattfedern

$$\tan \nu = \frac{(M + m)\, g + \varkappa_0 \big(r_2(0) - a_2\big)}{\varkappa_0 \big(r_1(0) - a_1\big)} \tag{375}$$

und

$$\cos \nu = - \frac{\varkappa_0 \big(r_1(0) - a_1\big)}{U} . \tag{376}$$

Ersetzt man r_i und a_i durch $\tilde{r}_i$ und $\tilde{a}_i$, so liefert (376)

$$\cos \nu < 0 \tag{377}$$

und damit

$$\frac{\pi}{2} < \nu < \frac{3\pi}{2} . \tag{378}$$

Ferner folgt aus (375) mit (262)

$$\tan \nu = \frac{(M + m)\, \tilde{r}\, \tilde{a} \sin \gamma + \big(M\, \tilde{z}_1'(0) + m\, \tilde{r} \sin \gamma\big) (\tilde{r} \cos \gamma - \tilde{a})}{\big(M \tilde{z}_1'(0) + m\, \tilde{r} \sin \gamma\big)\, \tilde{r} \sin \gamma} . \tag{379}$$

Für $\gamma = \frac{\pi}{2}$ wird $\nu = \nu_0$ gesetzt. Unter Beachtung von (373), (374) wird dann aus (379)

$$\tan \nu_0 = \frac{\tilde{a} - \tilde{z}_1'(0)}{\tilde{z}_1'(0) + \frac{m}{M}\tilde{a}}. \tag{380}$$

Da γ kleiner als 90°, also $\gamma = \frac{\pi}{2} - \Delta\gamma$, ist der richtige Anstellwinkel

$$\nu = \nu_0 + \Delta\nu. \tag{381}$$

Die Differentiation von (379) führt zu

$$\Delta\nu = \frac{\Delta\gamma}{1 + \tan^2 \nu_0}. \tag{382}$$

In den meisten Fällen ist $\Delta\gamma < 1°$ und daher nach (382) auch $\Delta\nu < 1°$. Die Näherung (380) wird also genügen, weil ν kaum genauer eingestellt werden kann.

Der mechanische Empfänger ist nunmehr wie folgt zu justieren (s. Abb. 11).

1. Die Grundplatte {1} ist mit einer Röhrenlibelle auszurichten und anschließend die Dosenlibelle {28} mittels ihrer drei Befestigungsschrauben zu justieren. Das ist leicht möglich, da gegen die Schrauben von unten kleine Federn drücken.
2. Die Böcke {3}, {18}, {29} werden symmetrisch zur Mittelachse der Grundplatte {1} befestigt.
3. Bevor das Gehänge {10} eingebaut wird, sind die gestellfesten Klemmbacken {4} der Blattfedern so zu justieren, daß sie mit der Horizontalen den Winkel ν_0 [s. (380)] bilden.
4. Die beiden Arme {30} sind vom Gehänge abzuschrauben. Dann kann das Gehänge zwischen die Rippen des Bockes {3} gebracht werden. Die Arme {30} werden durch die Durchbrüche der Rippen geführt und wieder am Gehänge befestigt.
5. Die Gehängemasse wird mit den Klemmstücken der Böcke {18} arretiert.
6. Damit das Gehänge beim Justieren in der Nähe der Drehachse eine Unterstützung hat, werden die Winkel {19}, die zur Arretierung beim Transport dienen, am Lagerbock befestigt und das Gehänge an die Winkel angeschraubt. Jetzt muß das Gehänge parallel zur Grundplatte sein und der Zeiger {24} mit dem Nullpunkt der Skala {25} übereinstimmen.
7. Mit einer Justierhilfe werden die gehängefesten Klemmbacken für die Blattfedern {4} so eingestellt, daß sie in der Ebene der gestellfesten liegen und von diesen einen Abstand von 2 mm haben. Nach Entfernung der Justierhilfen können die Blattfedern befestigt werden.
8. Der Schlitten {8} im Gehänge wird so eingestellt, daß das Blattfedergelenk der Schraubenfeder {7} von der Drehachse den Abstand $\tilde{r}_1(0)$ [nach (373)] hat. Ebenso wird der Vertikalschlitten {5} eingestellt. Die Länge der

Zusatzstücke {12} bzw. {13}, gemessen zwischen der Blattfedermitte und der Mitte der Einspannung der Schraubenfeder, muß

$$l_A = l_R = \frac{l_Z}{2} = -\frac{l_F}{2} \tag{383}$$

betragen. l_F ergibt sich aus der Federprüfung (Abschnitt 3.4.3). Danach wird die Schraubenfeder mit den Zusatzstücken erst an dem Horizontalschlitten {8} und dann an dem Vertikalschlitten {5} befestigt.

9. Jetzt wird die Ausschlagbegrenzung {22} angebracht.
10. Hierauf sind die Arretierungen an den Zusatzstücken {12} und {13}, am Bock {3}, beim Winkel {19} und zuletzt an der Masse {14} zu lösen.
11. Mit der Gewindespindel {6} und dem Gewicht {16} wird das Gehänge grob auf die Nullage eingestellt. Mit Hilfe des Rändelkopfes {21} läßt sich auch bei geschlossenem Gerät durch den Reiter {20} die Nullage korrigieren.
12. Die Eigenperiode läßt sich durch die Gewindespindel {11} am Gehänge auf den gewünschten Wert einstellen (s. Abschn. 3.3). Die Abhängigkeit der Eigenperiode von der Gleichgewichtslage ist zu prüfen (siehe Abschnitt 3.8).
13. Vor dem Einbau der Magnetsysteme {23} wird die Ausschlagbegrenzung wieder entfernt.
14. Das Gehänge wird nun etwas angehoben (nicht mehr als unbedingt notwendig) und das untere Magnetsystem auf die Führungsbolzen aufgesetzt. Unter das Magnetsystem werden so lange flache Aluminiumstücke untergelegt, daß die Spulenwicklung in der Nullage des Gehänges noch 3 mm aus dem Magnetsystem herausragt. Mit Hilfe der Schlittenführung an dem Magnetsystem wird die Tauchspule so im Gehänge justiert, daß sich die Spule um ± 5 mm frei bewegen kann.
15. Das obere Magnetsystem ist in der gleichen Weise zu justieren.
16. Zum Schluß wird die Ausschlagbegrenzung angeschraubt und so eingestellt, daß sich der Zeiger des Gehänges an der Skala von der Nullage aus um ± 3 mm verschieben kann.
17. Die Eigenperiode ist nochmals zu prüfen und gegebenenfalls neu einzustellen.

Falls die Vermutung naheliegt, daß die Blattfedern in der Drehachse beschädigt sind, ist der Federwechsel wie folgt durchzuführen.

18. Das Gehänge wird mit den beiden Klemmstücken der Böcke {18} und den beiden Winkeln {19} am Lagerbock arretiert. Nun werden die beiden Klemmplättchen gelöst und die Blattfedern können entfernt werden. Mit den Justierhilfen ist die Lage der Klemmbacken zu überprüfen. Die neuen Blattfedern werden eingesetzt und mit Hilfe der Klemmplättchen auf den Klemmbacken befestigt. Hierauf werden die Arretierungen des Gehänges wieder gelöst. Nullage und Eigenperiode des Instrumentes werden geprüft und gegebenenfalls neu eingestellt.

3.6. Die Bestimmung der mechanischen Parameter

Zur Berechnung der Vergrößerung des Seismographen ist die genaue Kenntnis der reduzierten Pendellänge l notwendig. Die anderen mechanischen Parameter, das Trägheitsmoment Q und das Moment $M\,g\,\tilde{z}_1'(0)$, werden zwar auch benötigt, müssen aber nicht so genau bekannt sein wie die reduzierte Pendellänge. Zu ihrer Bestimmung gibt es zwei Methoden.

Bei der ersten Methode muß das Gehänge ausgebaut werden. An den beiden zusätzlichen Klemmstellen in der Nähe der Drehachse wird das Gehänge so aufgehängt, daß die Drehachse in einer horizontalen Ebene liegt und der Schwerpunkt des Gehänges sich unter der Drehachse befindet. Aus der Schwingungsdauer dieser Anordnung T_{90} kann die reduzierte Pendellänge l' des starren Gehängeteiles $\mathfrak{G}'$ berechnet werden

$$l' = \frac{g}{4\,\pi^2}\,(T_{90})^2\,, \tag{384}$$

wenn die Schwerebeschleunigung bekannt ist. Bei sorgfältiger Ausführung des Versuchs kann l' sehr genau bestimmt werden. Dabei registriert man etwa 100 Schwingungen photographisch und vergleicht sie mit den Sekundenmarken einer genauen Uhr.

Bei dieser Methode ist der Einfluß der Schraubenfeder auf die reduzierte Pendellänge nicht berücksichtigt worden. Aus (274) und (270) erhält man zunächst für $m = 0$

$$l' = \frac{\tilde{z}^2}{\tilde{z}_1'(0)} \tag{385}$$

und weiterhin durch Entwicklung

$$l \approx l' \left\{1 + \frac{m_*}{3\,M\,\tilde{z}^2}\left[\tilde{r}^2 - \chi\,\frac{(L^2 + \tilde{r}^2 - \tilde{a}^2)^2}{4\,L^2}\right] - \frac{m_*\,\tilde{r}_1(0)}{2\,M\tilde{z}_1(0)}\right\}. \tag{386}$$

Die Funktion χ ist durch (271) gegeben. Da sicher

$$l_Z \ll \tilde{r} \qquad \text{und} \qquad e \ll \tilde{r}\,, \tag{387}$$

kann man den Term mit χ in (386) vernachlässigen. Die so erhaltene Formel stimmt mit einer bereits von GOLICYN gegebenen überein [7]. Beim VSJ-I ist

$$l - l' \approx -1\ \text{cm}\,. \tag{388}$$

Bei der zweiten Methode wird die reduzierte Pendellänge des fertig montierten mechanischen Empfängers gemessen [14]. Die Magnetsysteme sollten möglichst noch nicht eingebaut sein. Man mißt die Eigenfrequenzen ω_s für verschiedene Neigungen φ der Grundplatte des mechanischen Empfängers. Diese Neigungen werden durch Verstellung der Fußschraube, die sich in der Nähe der Magnetsysteme befindet, erreicht. Damit ist nach Abschnitt 2.1 der Vektor $\bar{e}_i$ definiert durch

$$\bar{e}_1 = \bar{e}_2 = 0\,, \quad \bar{e}_3 = 1\,. \tag{389}$$

Aus (15) und (17) folgt somit

$$c_{11} = \cos\varphi\,, \qquad c_{12} = -\sin\varphi\,. \tag{390}$$

Unter Beachtung von (389) erhält man mit (20)

$$\frac{dc_{ij}}{d\varphi} = \varepsilon_{i3k}\, c_{kj} \tag{391}$$

und aus (30)

$$\varepsilon_{ij3}\, c_{ki}\, \frac{d\tilde{z}_j}{d\eta} = c_{ki}\, \tilde{z}_i\,. \tag{392}$$

Das Moment M_3 hängt von η und φ ab:

$$M_3 = M_3(\eta, \varphi)\,. \tag{393}$$

Aus (245) folgt mit (391) und (392)

$$\frac{\partial M_3}{\partial\varphi} = \varepsilon_{ij3}\, c_{1i}\,(M\,\tilde{z}'_j + m\,\tilde{r}_j)\, g\,, \tag{394}$$

$$\frac{\partial^2 M_3}{\partial\varphi\,\partial\eta} = c_{1i}(M\,\tilde{z}'_i + m\,\tilde{r}_i)\, g\,. \tag{395}$$

Nach der allgemeinen Definition (278) ist auch ω_s eine Funktion von η und φ:

$$\omega_s^2(\eta, \varphi) = -\frac{1}{Q(0)}\,\frac{\partial M_3(\eta, \varphi)}{\partial\eta}\,. \tag{396}$$

Für kleine Winkel η und φ ergibt der TAYLORsche Satz in erster Näherung

$$\frac{\partial M_3(\eta, \varphi)}{\partial\eta} = \frac{\partial M_3(0, 0)}{\partial\eta} + \frac{\partial^2 M_3(0, 0)}{\partial^2\eta}\,\eta + \frac{\partial^2 M_3(0, 0)}{\partial\eta\,\partial\varphi}\,\varphi\,. \tag{397}$$

Stellt man nun die Eigenfrequenzen für die zwei Wertepaare η_1, φ_1 und η_2, φ_2 fest, so folgt aus (396) und (397) unter Berücksichtigung von (274)

$$\frac{\partial^2 M_3(0, 0)}{\partial^2\eta}(\eta_1 - \eta_2) + \frac{\partial^2 M_3(0, 0)}{\partial\varphi\,\partial\eta}(\varphi_1 - \varphi_2) = -\,l\,[M\,\tilde{z}'_1(0) + m\,\tilde{r}_1(0)]\,[\omega_s^2(\eta_1, \varphi_1) - \omega_s^2(\eta_2, \varphi_2)]\,. \tag{398}$$

Nach (265) ist für

$$l_F = -\,l_Z \tag{399}$$

$$\frac{\partial^2 M_3(0, 0)}{\partial^2\eta} = 0\,. \tag{400}$$

(398) liefert mit (399):

$$l = \frac{(\varphi_1 - \varphi_2)\, g}{\omega_s^2(\eta_2, \varphi_2) - \omega_s^2(\eta_1, \varphi_1)}\,. \tag{401}$$

Unter der Voraussetzung (399) ergibt sich die gleiche Formel wie beim Horizontalseismographen. Die Änderung des Ausschlages η braucht also nicht berücksichtigt zu werden.

Die eben beschriebene Methode eröffnet auch einen Weg zur Kontrolle der spezifischen Bedingung (275). Wenn das Gestell um den Winkel φ geneigt ist und das Gehänge beim Ausschlag η im Gleichgewicht ist, so muß

$$M_3(\eta, \varphi) = 0 \tag{402}$$

sein. Wird die Neigung um $d\varphi$ geändert, so ändert sich η um $d\eta$. Die Gleichgewichtsbedingung führt mit (402) zu

$$\frac{\partial M_3(\eta, \varphi)}{\partial \varphi} d\varphi + \frac{\partial M_3(\eta, \varphi)}{\partial \eta} d\eta = 0 . \tag{403}$$

Mit (394) und (396) folgt dann unter Beachtung von (274)

$$l\,[M\,\tilde{z}_1'(0) + m\,\tilde{r}_1(0)]\,\omega_s^2(\eta, \varphi)\frac{d\eta}{d\varphi} = \varepsilon_{ij3}\,c_{1i}\,(M\,\tilde{z}_j' + m\,\tilde{r}_j)\,g\,. \tag{404}$$

Definiert man

$$\tan\varepsilon = \frac{M\tilde{z}_2'(0) + m\,\tilde{r}_2(0)}{M\tilde{z}_1'(0) + m\tilde{r}_1(0)}, \tag{405}$$

so ergibt sich aus (404) mit (390) sowie den Gleichungen (31) und (50), die auch für die Koordinaten mit Zirkumflex gelten:

$$\omega_s^2(\eta, \varphi)\frac{d\eta}{d\varphi} = \frac{g}{l}\,[\sin(\varphi + \eta) + \tan\varepsilon\cos(\varphi + \eta)]\,. \tag{406}$$

Die Funktion

$$\eta = \eta(\varphi) \tag{407}$$

hat nach (406) ein Extremum für

$$\varphi_{\mathrm{Extr}} + \eta_{\mathrm{Extr}} = -\varepsilon\,. \tag{408}$$

Damit ist eine einfache Möglichkeit gegeben, die Erfüllung der spezifischen Bedingung (275) experimentell zu überprüfen.

Das Trägheitsmoment Mz^2 des starren Gehängeteiles kann man mit Hilfe von Zusatzmassen, die an das Gehänge angebracht werden, bestimmen. Mit Hilfe der ersten Methode, die die genaueren Ergebnisse liefert, erhält man l'. Wird die Zusatzmasse m_z im Abstand $\tilde{r}_z$ von der Drehachse angebracht, so erhöht sich das Trägheitsmoment um ΔQ. Die neue reduzierte Pendellänge ist dann

$$l'' = \frac{M\,\tilde{z}^2 + \Delta Q}{M\tilde{z}_1'(0) + m_z\,\tilde{r}_z}. \tag{409}$$

Mit (385) erhält man

$$M\,\tilde{z}^2 = \frac{\Delta Q - m_z\,\tilde{r}_z\,l''}{l'' - l'}\,l' \tag{410}$$

und

$$M\,\tilde{z}_1'(0) = \frac{\Delta Q - m_z\,\tilde{r}_z\,l''}{l'' - l'}\,. \tag{411}$$

Wenn die Ausdehnung der Zusatzmasse klein gegen $\tilde{r}_z$ ist, kann man

$$\Delta Q = m_z\,\tilde{r}_z^2 \tag{412}$$

setzen. Aus (410) und (412) ist zu ersehen, daß die Zusatzmasse nicht in der Nähe der reduzierten Pendellänge angebracht werden darf, da sich sonst l'' zu wenig von l' unterscheiden würde.

Experimentell wurde für ein Mustergerät nach der ersten Methode

$$l' = 48{,}509\ \mathrm{cm} \tag{413}$$

bestimmt. Es wurde dann zuerst eine und darauf eine zweite Messingscheibe von 9 mm Dicke und 75,7 mm Außendurchmesser auf das Gehänge gesteckt, so daß folgende Bedingungen vorlagen:

$$\left.\begin{array}{llll} \tilde{r}_{z1} = 73{,}67\ \text{cm}\,, & \text{und} & \tilde{r}_{z2} = 73{,}22\ \text{cm}\,, \\ m_{z1} = 342{,}9\ \text{g}\,, & & m_{z2} = 675\ \text{g}\,, \\ \Delta Q_1 = 1{,}863 \cdot 10^6\ \text{g cm}^2 & & \Delta Q_1 = 3{,}622 \cdot 10^6\ \text{g cm}^2\,. \end{array}\right\} \qquad (414)$$

Aus den Ergebnissen

$$l_1'' = 51{,}237\ \text{cm}\,, \qquad (415)$$

$$l_2'' = 53{,}224\ \text{cm} \qquad (416)$$

für die beiden Versuche errechnet man nach (410) und (411) im Mittel:

$$M\,\tilde{z}^2 = 1{,}02 \cdot 10^7\ \text{g cm}^2 \qquad (417)$$

$$M\,\tilde{z}_1'(0) = 2{,}09 \cdot 10^5\ \text{g cm}\,. \qquad (418)$$

Da

$$M = 5\ \text{kg} \qquad (419)$$

muß

$$\tilde{z}_1(0) = 41{,}9\ \text{cm} \qquad (420)$$

sein.

Die zweite Methode lieferte in Übereinstimmung mit (388)

$$l = 47{,}4\ \text{cm}\,. \qquad (421)$$

Sie ist leider nicht so genau durchzuführen wie die erste. Der Meßfehler liegt bei 1 bis 2%. Mit $m_* = 559$ g und $\tilde{r} = 231$ mm ist

$$\frac{m_*}{3}\,\tilde{r}^2 = 10^5\ \text{g cm}^2\,. \qquad (422)$$

Durch die Aufhängefeder wird also das Trägheitsmoment des Gehänges um nur 1% geändert.

Da an dem Gehänge bewegliche Massen, insbesondere der Horizontalschlitten {8} und das Laufgewicht {16} angebracht sind, muß ihr Einfluß auf die reduzierte Pendellänge untersucht werden. Wenn das Massenelement μ_*, das sich in der Entfernung $\tilde{r}_\mu$ von der Drehachse befindet, um $d\tilde{r}_\mu$ verschoben wird, so ist

$$\frac{dQ}{d\tilde{r}_\mu} = 2\,\mu_*\,\tilde{r}_\mu \qquad (423)$$

und

$$\frac{dM\,\tilde{z}_1'(0)}{d\tilde{r}_\mu} = \mu_*\,. \qquad (424)$$

Nunmehr folgt

$$\frac{dl}{d\tilde{r}_\mu} = \frac{1}{[M\tilde{z}_1'(0) + m\,r_1(0)]^2}\left[(M\,\tilde{z}_1'(0) + m\,r_1(0))\,\frac{dQ}{d\tilde{r}_\mu} - Q\,\frac{dM\tilde{z}_1(0)}{d\tilde{r}_\mu}\right], \qquad (425)$$

$$\frac{dl}{d\tilde{r}_\mu} = \frac{\mu(2\,\tilde{r}_\mu - l)}{M\,\tilde{z}_1'(0) + m\,r_1(0)}\,. \qquad (426)$$

Wenn also

$$\tilde{r}_\mu = \frac{1}{2}, \tag{427}$$

tritt keine Änderung der reduzierten Pendellänge ein. Das konnte für den Horizontalschlitten experimentell bestätigt werden, da die Bedingung (427) für ihn wegen (313) nahezu erfüllt ist. Bei der Verstellung des Horizontalschlittens um die nach (313) möglichen 60 mm änderte sich die reduzierte Pendellänge nur um 0,14%, obwohl die Masse des Schlittens 408 g beträgt. Das Laufgewicht {16} mit der Masse von 141 g kann nach (318) um 107 mm verschoben werden. Nach (426) ist dann für $\tilde{r}_\mu = 61{,}2$ mm

$$dl = 0{,}541 \text{ cm}.$$

Experimentell wurde

$$dl = 0{,}536 \text{ cm}$$

gefunden. Wenn man also die reduzierte Pendellänge für die Mittelstellung des Laufgewichtes bestimmt, wird sie sich durch dessen Verschiebung um höchstens 0,5% ändern.

3.7. Das Blattfedergelenk

Die Biegesteifigkeit J der Blattfedern ist nach [16] durch den Ausdruck

$$J = \frac{E\beta\delta^3}{12} \tag{428}$$

bestimmt. Darin ist E der Elastizitätsmodul des Federmaterials, β die Breite (beider) und δ die Dicke der Blattfedern. Setzt man wie in [16] $E = 2{,}1 \cdot 10^6$ kp/cm², so ergibt sich mit den in Abschnitt 3.3 gegebenen Federabmessungen für die beiden parallelen Blattfedern

$$J = 0{,}136 \text{ kp cm}^2. \tag{429}$$

Werden im folgenden die Parameter der in Abschnitt 3.4.3 geprüften Feder zugrunde gelegt, so berechnet sich nach (350)

$$\tilde{r}_1(0) = \tilde{a}_2 = 231 \text{ mm}. \tag{430}$$

Weiterhin folgt aus (380) mit (58), (419), (420), (430)

$$\nu_0 = 156{,}5° \tag{431}$$

und aus (376)

$$U = 9{,}9 \text{ kp}. \tag{432}$$

Mit Hilfe von (249) und (250) erhält man

$$p = 0{,}86,$$

$$q = 0{,}81. \tag{433}$$

Zur Berechnung von c hat man zunächst mit Hilfe von (118) und (183) die Koeffizienten der quadratischen Gleichung (239) zu suchen. Da die exakten Formeln zu unhandlich sind, wird eine Näherungslösung angestrebt. Dazu ersetzt man in (374) $\tilde{r}_i$ und $\tilde{a}_i$ durch r_i und a_i. Ferner wird die Masse der Schraubenfeder vernachlässigt, also $m_* = 0$ angesetzt. Die spezifische Bedingung (275) sei erfüllt durch

$$\tilde{z}_2'(0) \approx z_2'(0) = 0\,.$$

Da die Federlänge λ gegenüber z, $z_1'(0)$ und r vernachlässigbar ist, ergibt sich mit (322) bis (324) für die Koeffizienten in (239) näherungsweise

$$\left.\begin{aligned} H^0_{,1,2}\, g_{22} - H^0_{,2,2}\, g^0_{12} &= -\frac{\partial V}{\partial y} M\, z_1'(0) \cos\nu\,, \\ H^0_{,1,1}\, g_{22} - H^0_{,2,2}\, g_{11} &= -\frac{\partial V}{\partial y} M\, z^2\,, \\ H^0_{,1,1}\, g^0_{12} - H^0_{,1,2}\, g_{11} &= \frac{\partial V}{\partial y} M\, z^2\, \frac{q\lambda}{2} \left\{1 - \frac{2\,(1-q)\cos\nu}{q\, r\, z^2 \sin\gamma}\right. \\ &\qquad \left.\times \left[a_2\, r\, z_1'(0)\cos\gamma\cos\nu - r\, z^2 \sin(\gamma+\nu)\right]\right\}. \end{aligned}\right\} \tag{434}$$

Wenn man noch $\gamma \approx 90°$ berücksichtigt, so wird aus (239)

$$c^2\, z_1'(0)\cos\nu + c\, z^2 - \frac{\lambda\, z^2}{2}\,[q + 2\,(1-q)\cos^2\nu] = 0\,. \tag{435}$$

Eine Lösung dieser quadratischen Gleichung führt zu einem c, das kleiner als λ ist. Die als fest angenommene Drehachse [s. Abschnitt 2,10)] liegt also innerhalb der Blattfeder. Unter Vernachlässigung von Gliedern höherer Ordnung in λ lautet diese Lösung

$$c \approx \frac{\lambda}{2}\,[q + 2\,(1-q)\cos^2\nu]\,. \tag{436}$$

Mit (432) und (433) erhält man

$$c \approx 0{,}87\ \text{mm}\,. \tag{437}$$

Wenn man die mit (250) leicht zu beweisende Beziehung

$$\frac{1}{pq} - p\,q = \frac{2}{\mathfrak{Sin}\, 2\,p} \tag{438}$$

beachtet, liefert (263) unter den Voraussetzungen (275), (383) und $m = 0$:

$$N^{-2} = \cot\gamma + \frac{2\,J\,p^2}{\lambda(1-q)\,M g\, z_1'(0)}\left[\frac{(1-q)\,\lambda}{p\,\mathfrak{Sin}\,2\,p} + \left(c - \frac{q\lambda}{2}\right)\left(\frac{2\,c}{\lambda} - 2 + q\right)\right]. \tag{439}$$

Mit (436) ist dann

$$N^{-2} = \cot\gamma + \frac{J}{\lambda\, M g\, z_1'(0)}\left[\frac{2\,p}{\mathfrak{Sin}\,2\,p} + p^2\,(1-q)\sin^2 2\,\nu\right]. \tag{440}$$

Für den Blattfederanteil in (440) berechnet man mit (418), (431), (433)

$$N^{-2} - \cot\gamma = 2{,}3 \cdot 10^{-3}\,.$$

Damit $N^2 = 200$ muß jetzt $\gamma = 89{,}85°$ sein. Ohne Berücksichtigung des Blattfedergelenkes hatte sich im Abschnitt 3.3 $\gamma = 89{,}7°$ ergeben. Der Einfluß des Blattfedergelenkes auf die Eigenperiode ist also sehr gering. Für $\sin 2\,\nu = 0$

ist (440) mit dem für den Horizontalseismographen [16] erhaltenen Ergebnis direkt vergleichbar. Auffällig ist ferner, daß für $\sin 2\nu \neq 0$ beim Übergang zu sehr schwachen Blattfedern ($p \to \infty$), wenn man U konstant hält, der Blattfedereinfluß nicht völlig verschwindet. Dieser Grenzübergang ist aber in praxi auch nicht möglich, weil sehr schwache Blattfedern bei der Zugbeanspruchung U reißen würden.

Im Abschnitt 2.9 ist eine zweite Eigenfrequenz des mechanischen Empfängers berechnet worden. Diese wird durch das Blattfedergelenk bedingt. Im folgenden soll die dafür abgeleitete Gleichung (227) für den VSJ-I vereinfacht werden. Nach Abschnitt 2.8.2 ist

$$G = g_{11}\, g_{22} - (g_{12})^2 \,. \tag{441}$$

Mit (127), (183), (210) und unter Vernachlässigung der Glieder m_* ergibt sich näherungsweise

$$G \approx M^2 z^2 - M^2 z_1'^2(0) \cos^2 \nu \,. \tag{442}$$

Aus (227) erhält man mit (101), (327) und $m = 0$

$$\omega_{\mathrm{II}} \approx \sqrt{\frac{U z^2}{\lambda(1-q) M\, [z^2 - z_1'^2(0) \cos^2 \nu]}} \,. \tag{443}$$

Wenn man r_i und a_i durch $\tilde{r}_i$ und $\tilde{a}_i$ ersetzt, folgt mit (262), (374), (376)

$$\omega_{\mathrm{II}} \approx \sqrt{\frac{-\, g\, z_1'(0)\, z^2}{\lambda\, (1-q)\, a \cos \nu\, [z^2 - z_1'^2(0) \cos^2 \nu]}} \,. \tag{444}$$

Schließlich errechnet sich mit (417), (419), (420), (431) und (433) die zweite Eigenfrequenz des VSJ-I zu

$$\frac{\omega_{\mathrm{II}}}{2\pi} \approx 70{,}3 \text{ Hz} \,. \tag{445}$$

Bemerkenswert ist, daß für $\cos \nu = 1$ (horizontal gestellte Blattfeder) die Formel (444) mit der für den Horizontalseismographen [16] übereinstimmt, wenn man $z_1(0)$ durch $\tilde{a} \cot \alpha$ ersetzt.

3.8. Die Abhängigkeit der Eigenperiode des mechanischen Empfängers von der Gleichgewichtslage und vom Ausschlag

Wie bereits im Abschnitt 2.10 ausgeführt wurde, hängt das Moment M_3 nichtlinear von der Auslenkung des Gehänges ab. Dies bewirkt nun im wesentlichen die Abhängigkeit der Eigenperiode von der Gleichgewichtslage, da sich das Trägheitsmoment nur wenig oder überhaupt nicht von dem Ausschlag ändert. Diese nichtlinearen Effekte sind im Gegensatz zum Horizontalseismographen nicht mehr symmetrisch zur geforderten Gleichgewichtslage $\eta = 0$. Nach der allgemeinen Formel (278) ist

$$\omega_s^2(\eta) = -\frac{1}{Q(0)} \left[\frac{\partial M_3(0)}{\partial \eta} + \frac{\partial^2 M_3(0)}{\partial \eta^2}\, \eta + \ldots \right] . \tag{446}$$

Mit (264) und (265) wird daraus

$$\omega_s^2(\eta) = \omega_s^2(0)\left[1 - \frac{3\,(l_F + l_Z)\,N^2\,\tilde{r}\,\tilde{a}}{L_0^2\,(L_0 - l_F - l_Z)}\left(\cos\gamma - \frac{\tilde{r}\,\tilde{a}\sin^2\gamma}{L_0^2}\right)\eta + \ldots\right]. \quad (447)$$

Für $\gamma \approx 90°$ und mit (350) erhält man für die Eigenperiode

$$T_s(\eta) = T_s(0)\left[1 - \frac{3\,(l_F + l_Z)N^2}{8\,(L_0 - l_F - l_Z)}\,\eta + \ldots\right]. \quad (448)$$

Aus (448) folgt sofort eine Bedingung für $l_F + l_Z$, wenn man fordert, daß sich für den zulässigen Zeigerausschlag von ± 3 mm die Eigenperiode um höchstens $\pm 1\%$ ändert. Für $N^2 = 200$ und $L_0 = 327$ muß dann

$$|l_F + l_Z| < 10\ \text{mm} \quad (449)$$

sein. Die Abhängigkeit (448) kann man experimentell mit der in [16, S. 128] gegebenen zweiten Methode untersuchen, indem man mit Hilfe des Reiters {20} oder des Laufgewichtes {16} die Gleichgewichtslage verstellt und die Eigenperiode um die neue Gleichgewichtslage bestimmt. Setzt man

$$c_2 = \frac{3\,(l_F + l_Z)\,N^2\,T_s(0)}{8\,(L_0 - l_F - l_Z)\,L_z}, \quad (450)$$

wird aus (448)

$$T_s(\eta) = T_s(0) - c_2\,L_z\,\eta\,, \quad (451)$$

wobei L_z die Länge des Zeigers {24} ist. Für $|l_F + l_Z| = 6$ mm, $T_s(0) = 20$ s und $L_z = 750$ mm ergibt sich

$$|c_2| = 0{,}04\ \text{s mm}^{-1}\,. \quad (452)$$

Für drei Einstellungen von l_Z wurde die Eigenperiode eines mechanischen Empfängers für verschiedene Gleichgewichtslagen festgestellt, und zwar wurden für jede Lage dreimal drei Schwingungen mit einer Stoppuhr gemessen. Die gemittelten Ergebnisse sind in Tab. 1 zusammengestellt.

Tabelle 1

$L_z\,\eta$ mm	-6 mm	$l_F + l_z$ 0	$+6$ mm
-6	19,56	19,90	20,44
-3	19,85	19,88	20,21
0	19,98	19,95	19,93
$+3$	20,16	20,04	19,97
$+6$	20,72	20,00	19,70
$T_s(0)$	20,05	19,95	20,05
c_2	$-$ 0,088	$-0{,}012$	0,057

Nach der Methode der kleinsten Quadrate wurden aus den 5 Werten für jede Einstellung $T_s(0)$ und c_2 errechnet. Der mittlere Fehler von c_2 liegt bei $\pm 0{,}014$ s mm^{-1}. In Abb. 14 sind die Ergebnisse und die durch die Mittelung erhaltenen

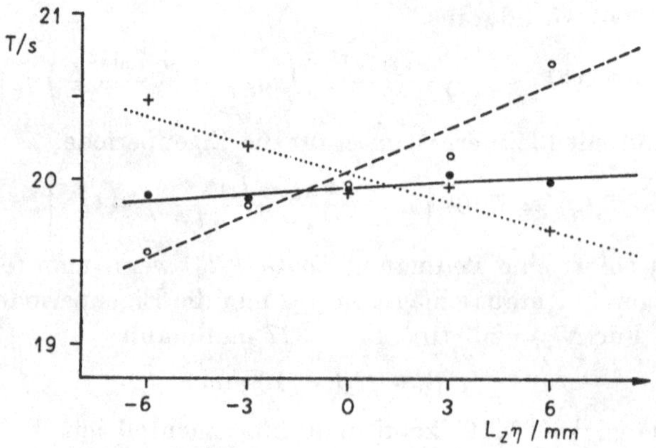

Abb. 14. Abhängigkeit der Eigenperiode von der Gleichgewichtslage

Geraden graphisch dargestellt. Wenn man berücksichtigt, daß Nichtlinearitäten höherer Ordnung, die zweifelsohne vorhanden sind, vernachlässigt werden, und daß die Genauigkeit für die Bestimmung von c_2 wegen der geringen Änderung der Eigenperiode nicht groß ist, kann man sagen, daß der nach (452) berechnete Koeffizient c_2 experimentell bestätigt wird. Für $l_F + l_Z = 0$ hängt die Eigenperiode erwartungsgemäß kaum von der Gleichgewichtslage ab.

Die in [16] angeführte erste Methode zur Bestimmung der nichtlinearen Effekte, bei der die Eigenperiode für verschieden große Ausschläge bei der geforderten Gleichgewichtslage $\eta = 0$ gemessen wird, ist nicht zur Bestimmung von c_2 geeignet. Das erkennt man bereits daraus, daß die erste Näherung von KRYLOV und BOGOLJUBOV nicht die zweite Ableitung von M_3 also auch nicht c_2 enthält [s. (280)]. Wenn man voraussetzt, daß M_3 nur von η und η^2 abhängt, so folgt aus (276) bei Abwesenheit von äußeren und von dämpfenden Kräften mit (264), (265), (277), (278), (450)

$$\ddot{\eta} + \omega_s^2(0)\left[\eta - \frac{c_2 L_z}{T_s(0)}\eta^2\right] = 0 . \tag{453}$$

Aus dieser Differentialgleichung erhält man für die Zeit zwischen zwei Maximumdurchgängen ein elliptisches Integral. Die Abhängigkeit der so definierten Eigenperiode von der Amplitude $\hat{\eta}$ wird durch Entwicklung bis zu Gliedern zweiter Ordnung näherungsweise zu

$$T_s(\hat{\eta}) \approx T_s(0)\left[1 + \frac{5}{12}\frac{c_2^2 L_Z^2}{T_s^2(0)}\hat{\eta}^2\right] \tag{454}$$

bestimmt. Für $|L_z \eta| < 6$ mm weicht daher $T_s(\hat{\eta})$ nicht mehr meßbar von $T_s(0)$ ab. Das hat den Vorteil, daß man sich der Bestimmung der Eigenperiode nicht auf sehr kleine Ausschläge zu beschränken braucht.

3.9. Schütteltischversuche

Zur Feststellung des Gültigkeitsbereichs der in Abschnitt 3.2 abgeleiteten Formel für die dynamische Vergrößerung wurde der mechanische Empfänger auf einen Vertikalschütteltisch gestellt. Vorher war der Seismograph nach den bereits für den Horizontalseismographen gegebenen Vorschriften [16] mit einem Galvanometer H-A5. 1 gekoppelt worden. Nach diesen Methoden wurden auch die bisher noch nicht bestimmten Parameter festgestellt. Es ergab sich:

$$T_s = 20\text{ s}\,, \qquad T_g = 1{,}24\text{ s}\,,$$
$$D_s = 0{,}49\,, \qquad D_g = 8{,}07\,,$$
$$\sigma^2 = 0{,}081\,.$$

Bei einer Lichtzeigerlänge von $L_g = 50$ cm, die bei den anschließend durchgeführten Schütteltischversuchen eingestellt war, ist der Vergrößerungsfaktor

$$V_0 = 505\,.$$

Da mit dem vorhandenen Schütteltisch nur bis zu einer Periode von 5 s harmonische Tischbewegungen ausreichender Amplitude erzeugt werden konnten, war eine Prüfung der dynamischen Vergrößerung für den langperiodischen Teil nicht möglich. In diesem Bereich ist aber auch nicht mit Abweichungen von der Theorie zu rechnen. Interessanter ist die Prüfung für schnelle Tischbewegungen, die im Bereich von 0,2 bis 30 Hz durchgeführt wurde. Die Registrierung der Tischbewegung erfolgte mit einem induktiven Geber und einem Trägerfrequenzverstärker. Die Tischamplitude A_T betrug 30 bis 60 μm. Die Amplitude des Galvanometerumschlages A_G wurde durch 500 A_T dividiert und in der Abbildung 15 in Abhängigkeit von der Frequenz aufgetragen. Durch diese Normierung sind die Meßwerte direkt mit der Amplitudencharakteristik $\overline{W}(\Omega)$, die aus den obigen Parametern errechnet wurde, vergleichbar. Deutlich ist bei 12,4 Hz ein sehr scharfes Absinken der Vergrößerung auf etwa $^1/_{10}$ des theore-

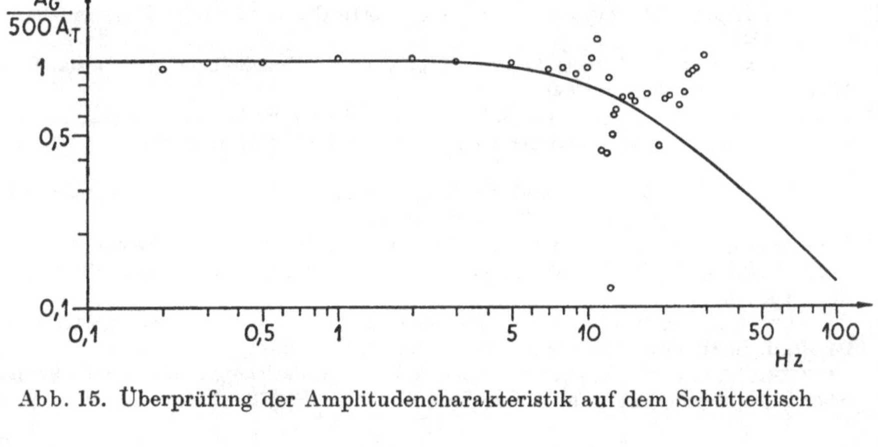

Abb. 15. Überprüfung der Amplitudencharakteristik auf dem Schütteltisch

tischen Betrages bemerkbar. Das ist genau die durch (371) errechnete erste Oberschwingung der Schraubenfeder. Diese Oberschwingung mit einem Schwingungsbauch in der Federmitte und Knoten an den Enden war auch bei den Versuchen deutlich zu erkennen. Erstaunlich ist die Schärfe der Resonanzstelle. Bei 12,2 bzw. 12,6 Hz waren die Schwingungen schon erheblich abgeklungen. Kurz vor dieser Resonanzstelle traten bei 11,5 Hz deutliche Schwingungen der Feder orthogonal zu ihrer Längsachse auf. Diese Schwingungen beeinflussen ebenfalls die Amplitudencharakteristik.

Abschließend ist festzustellen, daß bis zu Frequenzen von 10 Hz der Seismograph einwandfreie Aufzeichnungen liefert. Damit ist der gesamte für die Seismologie interessante Bereich erfaßbar.

4. Literatur

[1] BERLAGE, H. P., Seismometer, Handb. d. Geophys., Bd. IV, Verlag von Gebrüder Borntraeger, Berlin 1936, S. 321–386.

[2] BOCK, H., Die Funktion der Pendelfeder, Zeitschr. f. Instrumentenkunde, **46** (1926), S. 445–453.

[3] BOGOJUBOV, N. N. und J. A. MITROPOLSKI, Asymptotische Methoden in der Theorie nichtlinearer Schwingungen, Akademie-Verlag, Berlin 1965.

[4] BUDO, A., Theoretische Mechanik, VEB Deutscher Verlag der Wissenschaften, Berlin 1963.

[5] DUSCHEK, A. und A. HOCHRAINER, Grundzüge der Tensorrechnung in analytischer Darstellung, Teil I und II, Springer-Verlag, Wien 1950.

[6] FORBAT, N., Analytische Mechanik der Schwingungen, VEB Deutscher Verlag der Wissenschaften, Berlin 1966.

[7] GALITZIN, B., Vorlesungen über Seismometrie, Teubner, Leipzig 1914.

[8] GRENET, G., L'étalonnage des séismographes électromagnétiques modernes, Annales de Géophysique, Paris **2** (1946) S. 329–338.

[9] KAUDERER, H., Nichtlineare Mechanik, Springer-Verlag, Berlin, Göttingen, Heidelberg 1958.

[10] KLOTTER, K., Technische Schwingungslehre, Bd. 2, Springer-Verlag, Berlin, Göttingen, Heidelberg 1960.

[11] LACOSTE, L. J. B., A new type long period vertical seismograph. Physics **5** (1934), S. 178–180.

[12] SAVARENSKI, E. F. und D. P. KIRNOS, Elemente der Seismologie und Seismometrie, Akademie-Verlag, Berlin 1960.

[13] TEUPSER, CH., Die Aufzeichnung sehr langperiodischer Bodenbewegungen, Verfahren und Geräte der mechanischen Schwingungsmeßtechnik, TH Magdeburg, 1967, S. 176 bis 184.

[14] TEUPSER, CH., Die Eichung und Prüfung von elektrodynamischen Seismographen, Freiberger Forschungshefte C 130, Berlin 1962.

[15] TEUPSER, CH., Die Identifikation der Phasencharakteristiken von Seismographen in einem Stationsnetz, Veröffentlichungen des Instituts für Geodynamik, Reihe A, (1969) 13, S. 10–18.

[16] TEUPSER, CH. und W. ULLMANN, Der neue Jenaer Horizontalseismograph HSJ-I, Veröff. d. Institutes für Geodynamik in Jena, (1964) 76.

[17] TEUPSER, CH. und W. ULLMANN, Ein neuer Horizontalseismograph mit galvanometrischer Registrierung, Zeitschr. f. Geophys. **25** (1959), S. 272–279.

[18] Teupser, Ch. und W. Ullmann, Ein neuer Vertikalseismograph mit galvanometrischer Registrierung, Zeitschr. f. Geophys. **29** (1963), S. 115–122.
[19] Ullmann, W. und Ch. Teupser, Die seismische Apparatur SSJ-I, Monatsberichte **5** (1963) 8/9, S. 582–586.
[20] Ullmann, W., Nonlinear mechanics in seismometry Problems, Geophys. Journ. RAS **11** (1966), S. 175–179.
[21] Ullmann, W., Analytische Seismometrie, Veröffentlichungen des Instituts für Geodynamik, Reihe A, (1970), 16 (in Vorbereitung).
[22] Unterreitmeier, E., Störungen bei langperiodischen Vertikalseismographen. Zur Kompensation der Temperaturabhängigkeit der Nullage. Veröffentlichungen des Instituts für Geodynamik, Reihe A, (1969) 14, S. 77–94.
[23] Wagner, K. W., Operatorenrechnung, Joh. A. Barth, Leipzig 1940.
[24] Physikalische Eigenschaften der Eisen-Nickel-Legierungen, Nickel-Informationsbüro, Düsseldorf 1964.
[25] Technische Federn, Firmenschrift des VEB Draht- und Federnwerke Karl-Marx-Stadt.

FSC
www.fsc.org
MIX
Papier | Fördert gute Waldnutzung
FSC® C083411

Kolibri 360 GmbH
Ferdinand-Jühlke-Straße 7
99095 Erfurt, Deutschland
produktsicherheit@kolibri360.de